U0168955

◎湖南省社科基金项目（17YBA195）阶段性成果
◎湖南省社科评审委课题（XSP17YBZC080）阶段性成果

基于城镇体系规划视角的城市扩张模拟研究

Simulation of Urban Construction Land Expansion Based on
the Perspective of Urban System Planning

◎罗 媞 喻岳兰 郑 利 著

西安交通大学出版社
XI'AN JIAOTONG UNIVERSITY PRESS

图书在版编目（CIP）数据

基于城镇体系规划视角的城市扩张模拟研究 / 罗媞, 喻岳兰, 郑利著 . —西安: 西安交通大学出版社, 2023.3

ISBN 978-7-5693-2205-7

Ⅰ . ①基… Ⅱ . ①罗… ②喻… ③郑… Ⅲ . ①城镇－城市规划－模拟－研究－中国 Ⅳ . ① TU984.2

中国版本图书馆 CIP 数据核字（2021）第 134353 号

书　　名	基于城镇体系规划视角的城市扩张模拟研究
	JIYU CHENGZHEN TIXI GUIHUA SHIJIAO DE CHENGSHI KUOZHANG MONI YANJIU
著　　者	罗 媞 喻岳兰 郑 利
责任编辑	张瑞娟 韦鸽鸽
责任校对	于睿哲
出版发行	西安交通大学出版社
	（西安市兴庆南路 1 号　邮政编码 710048）
网　　址	http://www.xjtupress.com
电　　话	（029）82668357　82667874（市场营销中心）
	（029）82668315（总编办）
传　　真	（029）82668280
印　　刷	湖南省众鑫印务有限公司
开　　本	710mm×1000mm　1/16
印　　张	12　彩插 24P　字数 190 千字
版次印次	2023 年 3 月第 1 版　2023 年 3 月第 1 次印刷
书　　号	ISBN 978-7-5693-2205-7
定　　价	98.00 元
审 图 号	武汉市 S（2021）021 号

如发现印装质量问题，请与本社市场营销中心联系调换。

作者简介

罗媞 湖北天门人，中共党员，毕业于武汉大学，管理学博士，副教授，主要研究土地利用规划原理与方法，现任教于湖南理工学院。在 *Habitat International*、《长江流域资源与环境》《地理与地理信息科学》《农业工程学报》等期刊上发表学术论文8篇，其中SSCI源刊收录1篇，CSSCI源刊收录2篇，主持省（厅）级课题4项，参与国家级、省部级课题多项，参与了国家"十二五"科技支撑项目子课题——村镇区域空间规划与集约利用评价，以及湖北省土地整治规划、广西省土地利用规划和全国第二次土地调查缩编等项目。

前　言

　　近几十年来，随着各国工业化、城镇化进程的不断加快，城镇建设用地扩张迅速成为国内外学者密切关注的热点。对区域城镇建设用地扩张的时空演变规律、驱动机制以及动态模拟的分析和探讨，不仅是多个学科领域共同关注的研究课题，也是国家或区域土地利用规划、城市发展规划与社会经济发展规划普遍重视的工作内容。结合我国城镇体系规划对土地利用规划、城市总体规划以及"多规合一"的作用与意义，针对国内外有关城镇建设用地扩张研究中的不足，本书拟从城镇体系规划视角对城镇建设用地扩张的格局、机制、预测、模拟进行系统研究，以期丰富城镇建设用地扩张研究的理论与方法体系，以武汉市为研究区域开展实证分析，以期为武汉市及我国其他中心城市的城镇建设用地规划研究与实践提供方法借鉴与决策参考。

　　笔者以土地利用规划、景观生态学、城镇空间结构，以及复杂空间决策等多个学科领域相关原理为支撑，结合土地利用变化与空间格局分析、景观指数分析与景观格局分析、土地资源优化配置与城镇扩张 CA 模型等技术和方法，分别对城镇建设用地扩张测度指标与方法体系、城镇建设用地扩张空间驱动力模型、城镇建设用地扩张约束分析指标与方法体系、城镇建设用地区域优化配置与动态模拟方法体系等内容进行探讨。笔者还以武汉市为研究区域开展城镇建设用地扩张测度与模拟应用研究，在系统、全面揭示武汉市城镇建设用地扩张规律的基础上，分析了武汉市城镇建设用地扩张驱动因子与约束要素，进而结合武汉市社会经济发展的新趋势，对规划期末武汉市城镇建设用地扩张在数量与空间上的合理布局进行预测和模拟。全书的具体内容和结论如下：

（1）系统梳理传统城镇建设用地扩张测度指标体系的同时，构建了面向城镇体系的城镇建设用地扩张测度指标体系，综合运用地类转移矩阵、景观扩张指数、空间自相关和象限区位划分等空间分析方法，提取武汉市城镇建设用地扩张规模、结构、强度、速率、形态、模式、分布以及空间均衡度、差异度、关联度等多维度指标，对武汉市不同尺度城镇建设用地规模结构变化、用地类型转换、扩张模式演化、景观形态演变，以及空间分布格局进行分析，在整体把握武汉市城镇建设用地扩张的时空演变特征与规律的同时，对城镇体系中不同等级镇域的城镇建设用地扩张特征进行对比研究。基于多维度 - 多尺度城镇建设用地扩张测度指标与方法，系统、全面地分析城镇建设用地扩张特征与规律，为城镇建设用地规划布局研究奠定坚实的基础。

（2）针对传统城镇建设用地扩张空间驱动 Logistic 回归分析中对政策因素空间化研究的不足，运用场强模型将综合反映不同等级城镇社会经济发展战略与城镇体系规划引导的城镇辐射作用因子空间化，构建修正的 FSM-Logistic 回归模型，结合回归分析结果和武汉市自然、社会、经济、政策状况对其城镇扩张的驱动机理进行探究。通过引入空间自相关变量，构建 Auto-FSM-Logistic 回归模型，通过回归模拟精度对比，为后续城镇建设用地扩张模拟提供参考依据。

（3）遵循空间数据的连续性和不均衡性，分别从耕地保护和生态安全两个方面，构建城镇建设用地扩张空间约束分析指标体系，并运用景观格局分析方法对栅格单元尺度上的城镇建设用地扩张空间约束格局进行识别；结合城镇体系中不同等级乡镇单元抗约束能力的差异性，采用分级赋权的方法构建了面向城镇体系的城镇建设用地扩张空间约束分析模型。基于城镇建设用地扩张空间约束分析指标与方法体系，对武汉市不同城镇建设用地扩张的空间约束及其分布格局进行分析。结果显示，城镇建设用地空间约束分析为城镇建设用地扩张适宜性评价及城镇扩张 CA 模拟提供了必要依据，对城镇建设用地数量优化配置及空间布局模拟研究具有重要意义。

（4）融合城镇建设用地数量结构和空间布局优化相结合的思想，在运用城镇建设用地区域优化配置模型和情景分析方法优选指标分配方案的基础上获取不同空间单元城镇扩张数量约束条件，结合不同等级城镇在扩张条件概率和扩张空间约束等方面的差异性，对经典约束性城镇扩张 CA 模型进行改进，预设不同模拟情景，依据元胞转换原理对不同扩展模式下城镇建设用地空间布局进行模拟。运用城镇建设用地扩张动态模拟体系中的方法，结合武汉市社会经济发展现状，对武汉市规划期末城镇建设用地扩张指标的区域分配与空间布局进行模拟，进而对扩张管控提供分区对策，研究结果对于武汉市底线控制模式与政府引导模式相结合的城镇建设用地规划与调控具有较强的现实指导意义。

目　　录

第1章 导　　论

1.1 研究背景与意义

　　土地是人类基本的生产生活要素，也是各项社会经济活动的空间载体（王万茂，2009）。土地利用变化则是人类活动与自然环境相互作用最直接的表现形式。自1995年国际地圈 - 生物圈计划（International Geosphere-Biosphere Programme，IGBP）和国际全球环境变化人文因素计划（International Human Dimensions Programme on Global Environmental Change，IHDP）提出土地利用与土地覆被变化（Land Use and Land-Cover Change，LUCC）研究项目以来，土地利用变化迅速成为全球人地关系与可持续发展研究的热点问题（Zhang et al.，2010）。随着人类活动在区域土地利用变化中的作用和影响不断加剧，LUCC研究正经历着从全球到区域、自然到人文的转变（苏海民 等，2010）。由于自然区位条件与人类活动要素的影响，全球土地利用变化普遍存在地域差异，这些差异会随着经济增长及城市化水平的加速提高而愈来愈明显（Verburga et al.，1999；Long et al.，2007）。以人为景观彻底替代原有自然覆被和土壤性状的土地非农化建设活动，是土地利用变化最为直接、最为明显的体现方式（赵婷婷 等,2008）。近几十年来,随着各国城市（镇）化进程的急剧加快,建设用地的扩张速度不断提高，由此带来的一系列社会经济以及生态问题也层出不穷，如何科学、合理地配置建设用地，成为当前土地利用规划与管理需关注的核心问题之一。

　　城市社会经济发展与城市土地开发利用息息相关，而城市社会经济发展规划最终会落实到城市空间发展战略的规划与部署中。城市空间发展战略主要体现在城镇体系规划、土地利用规划、城市总体规划等方面，这些规划事关城镇等级体系、城市发展空间布局、交通网络以及生态保护体系等的规定，势必对城市土地开发利用及其与自然、社会、经济要素的相互作用，特别是对城镇建设用地的优化配置与空间布局产生影响。那么，城市空间发展战略格局下的城镇建设用地演变呈现哪些特征？城市空间发展战略格局如何与其他影响因素共同作用于城镇建设用地演变？城市空间发展战略格局如何影响将来的城镇建设用地优化配置与空间布局？对于这些问题的回答，在城市化加速发展区域的土地利用变化理论研究、城市规划及土地利用规划实践研究中变得尤为迫切。

现实中的城市空间发展战略并非以规划决策的形式出现，而是通过一系列空间规划实施方案来体现。在我国业已形成的一套由国土规划、区域规划、城镇体系规划、城市总体规划、城市分区和详细规划等组成的空间规划系列中，城镇体系规划与国土规划、城市规划等有着密切联系，城镇体系的形成依附于城市空间和国土资源，城市空间开发与土地资源配置的合理性是该区域内城镇乃至城镇体系健康发展的根本保障。城镇体系规划处于衔接国土规划和城市总体规划的重要地位，城镇体系规划布局既是国土规划的组成部分，亦是城市总体规划的重要内容。在城市空间战略规划实践中，城镇体系规划往往超前进行，能为国土规划和城市规划奠定基础（周一星，1986）。从某种程度上看，城镇体系规划对于城市空间发展战略实施具有重要的核心意义。随着我国"多规合一"的不断推进，城镇体系规划在引导区域社会经济发展以及城市土地开发利用过程中的作用与意义愈发重大。因此，本书基于城镇体系规划视角对城镇建设用地演变格局、过程及趋势进行研究，以便为城市总体规划、土地利用规划、社会经济发展规划以及生态规划等提供决策参考。

在我国，中心城市在国家社会经济发展中处于核心地位，城市化增速最为显著；中心城市往往凭借其强大的产业规模优势和经济实力，推动城市空间的迅速扩展并带动周边地区城市化进程的加速和社会经济的发展。同时，中心城市也是我国城镇等级体系结构最为完整、空间分布最为复杂的地区，其城市扩张过程中暴露的耕地占用以及生态安全威胁等问题最为明显，所以基于城镇体系规划视角的中心城

市的城市扩张时空演变特征、驱动机制以及数量和空间优化配置等问题，对我国国
土资源合理开发利用的理论研究和实践规划均具有重要意义。武汉市是我国中部地
区最大的中心城市，城市化发展正经历加速阶段。城市化水平的不断提高为武汉市
经济社会的全面进步和全面小康社会建设提供了坚实基础和强劲动力，同时也让武
汉市进入人口、环境、资源、经济、社会等各类矛盾集中暴露、环境负荷迅速加重
的关键时期。将武汉市作为典型研究案例，不仅有利于丰富中心城市城市扩张研究
的内容，而且能为武汉市土地利用规划、城市总体规划等提供决策依据。

1.2 国内外研究述评

1.2.1 城市扩张演变测度研究

国内外学者在对城市扩张的时空演变进行定量测度研究的过程中，由于地域
差异和土地利用分类标准不同，研究的侧重点也不同。国外研究往往更加注重城市
扩张带来的一系列社会影响或生态效应研究，如 Fazal（2001）、López 等（2001）
对城市建设用地增长导致耕地减少的现象进行了研究；Haack 等（2006）对尼泊尔
加德满都谷地的城市扩张带来的基础设施和环境威胁进行了研究。随着城市扩张带
来的负面影响不断暴露以及"精明增长"等城市发展理念的提出，"城市蔓延"这
一带有批判色彩的概念受到学者们的极大关注，引发了对城市扩张特征及其影响因
素进行深入探讨的热潮。随着中国城市化进程的加速和社会经济的迅猛发展，国外
学者逐渐开始关注中国的城市扩张及土地利用变化，如 Seto 等（2005）运用空间
分析技术和景观生态学方法，分别对中国城市化速度较快的珠江流域多个城市的土
地利用变化、景观格局及其驱动机制进行了分析；Fragkias 等（2009）对中国珠江
三角洲地区的深圳、佛山和广州城市群的城市用地扩张及城市形态演变进行了对比
分析。

近年来我国学者普遍采用遥感影像、土地利用调查数据等，运用地理信息系统
（Geographic Information System，GIS）技术、土地利用动态变化分析模型、景观生
态学方法（刘小平 等，2009；张金兰 等，2010）对城镇建设用地规模、结构及其

空间格局演变特征、规律和趋势进行了大量研究。受我国城乡二元化结构影响，城镇建设用地扩张往往与农村建设用地密切相连，因此我国学者也多从城乡建设用地整体角度对城市扩张进行探讨。如田光进等（2002）利用中国土地利用／土地覆盖的动态变化数据库，分析了20世纪90年代中国城镇分布及城镇用地扩展动态变化的空间格局；雷军等（2005）运用空间分析和统计分析方法，分析了新疆城乡建设用地数量和结构变化特征及其空间演变分布特征；杨山（2009）选取无锡市城乡耦合地域为研究实体，综合运用遥感技术（Remote Sensing，RS）、GIS 技术和景观生态学分析方法对不同时段城乡建设用地景观生态格局及其响应变化进行分析；刘佳福等（2011）采用遥感影像数据和 GIS 技术对长春市城市、乡村以及道路建设用地的规模与形态演变特征、规律以及趋势进行了分析；刘登娥等（2012）采用 GIS 技术和景观格局指数分析，定量比较苏锡常地区城市建设用地近30年的扩展过程，研究城市空间分散 - 集中的规律性，揭示城市增长空间模式特征；雷雅凯等（2012）应用统计学方法，对郑州市城市与农村建设用地景观多尺度的空间格局特征、动态规律及相互差异进行了研究；孟丹等（2013）采用 GIS 空间分析及土地科学相关模型，分析了京津冀都市圈城乡建设用地变化的幅度、速度、空间增长格局；刘耀林等（2014）基于土地城镇化率合理性评价研究，对湖北省建设用地城镇化的区域差异特征进行了分析；曾晨等（2015）、刘和涛等（2015）则运用多种空间分析方法对城市蔓延的空间格局特征进行了研究。

总体而言，现有城市扩张演变测度研究主要从两个方面展开：一是基于时间序列统计数据计算展开城镇建设用地数量结构变化过程的分析；二是基于不同时点空间数据叠加展开城镇建设用地空间演变特征的分析。相关研究覆盖了宏观、中观和微观各个地域层次，其中以中观和微观地域单元（省、市、县、区）城镇建设用地演变特征的分析居多，这些研究为区域／城市的城镇用地扩张动态监测、城市土地利用规划管理研究和实践工作提供了有效的技术手段和科学的参考依据。

1.2.2 城市扩张驱动机理研究

国内外学者采用数学统计分析模型、空间分析模型等方法对影响城市扩张的因素及其影响机制、驱动机理等进行了大量研究。国外学者在对城市扩张与社会经济发展要素的相关性研究中，发现城市人口变化、居民收入增长是城市扩张的主要原因，如 Camagni 等（2002）对欧洲城市用地的扩张与居民收入的增加之间的相关性进行了研究；Currit 等（2009）通过分析得出结论，墨西哥奇瓦瓦州城乡土地利用变化的驱动因子为经济全球化和人口密度；Paulsen（2012）在运用空间技术对美国大都市圈城市土地利用变化进行分析的基础上，指出这些区域的城市空间扩张主要由人口增长和收入提高引起。交通网络的发达虽然对城市扩张初期有较大影响，但也有研究表明交通通达性和新建房屋的分布并没有显著相关性，甚至会延缓新房屋的建设（Zhang，2010）。此外，海利希（Heilig）早在1997年便在对中国土地利用变化的研究中提出，影响中国城市扩张的人文因素主要为人口激增、城市化、工业化、生活及消费方式的改变以及相关政治经济政策的实施，并通过相关数据进行分析证实。

国内学者对城市扩张驱动机理的研究内容和方法也在不断丰富和改进，如古维迎等（2011）构建面板数据回归模型，比较分析了经济增长因素和城市规划政策因素对滇池流域建设用地规模和人均建设用地面积的影响；李平星等（2013）在分析苏南地区城市扩张的过程和效应特征的基础上，探讨了全球化、区域政策、区位条件和后发优势等对城市扩张热点形成、变化和位序规模改变的影响；罗媞等（2014）运用多元回归模型分析了城乡人口变化、产业发展以及耕地保护、生态安全、城乡建设用地增减挂钩等政策要素对建设用地变化的影响和作用；蔡芳芳等（2014）运用地理探测器模型对城镇建设用地变化的自然、区位以及社会经济影响因子进行了筛选和机理分析；陈江龙等（2014）基于对人口城镇化、经济全球化、产业服务业化和分权化等要素对南京市建设用地演变进行理论探讨，选取相应指标和虚拟变量对南京市区、县尺度城镇工矿用地扩张的驱动力机制进行了回归分析；王晓峰等（2015）在实地调查基础上，对地形地貌、人口社会经济、交通、文教产业、文化遗迹保护与发展以及城中村改造等因素对西安市建设用地扩展的作用进行了深入分析。

研究结果显示，随着我国城市化进程的不断加速，大多数区域和城市的社会经济发展以及相应的城市发展规划政策对城镇建设用地的作用强度明显大于自然地理要素。针对城市扩张驱动机理研究侧重点的差异性，高金龙等（2013）分别从经济学派、制度学派和经验学派的角度对相关研究进行了总结，并评述了各学派的特点与局限性。由于能有效解决变量的非连续性问题，Logistic 回归模型被广泛应用于城镇用地扩张的空间驱动分析研究中。近年来，国内学者对城市扩张驱动力的空间 Logistic 回归的方法研究主要表现在对空间影响因子识别（吴巍 等，2013）、空间自相关因子提取（黄大全 等，2014）等方面；同时，该方法较广泛地被应用于城市空间扩张驱动力探测（舒帮荣 等，2013）以及城镇用地扩张模拟（李俊 等，2015）等研究中。

1.2.3 城市扩张空间约束研究

城市扩张空间约束分析是城市扩张适宜性评价的重要组成部分和研究依据，也是城市土地资源合理开发利用和城市总体规划布局的基础性工作之一。近年来，随着城镇扩张和城市蔓延带来的自然生态环境问题日益严峻，学者们在城市扩张适宜性评价中逐渐加强了对空间约束的理论研究和实证分析（李坤 等，2015）。随着城市扩张过程中的生态破坏现象日益严重，生态安全评价思路与技术在城市扩张约束分析中得到较广泛的应用，如李猷等（2010）从地形水文、工程地质、生态基底等层面选取指标对建设用地开发的空间约束进行评价；曲衍波等（2010）从生态适宜性和经济可行性角度构建城镇建设用地适宜性评价指标，运用多因素加乘复合算法和互斥性矩阵分类方法对城镇建设用地适宜性进行评价和分区研究；尹海伟等（2013）借鉴损益分析法，构建了建设用地适宜性评价的潜力 - 约束模型，并对区域建设用地开发中的生态敏感性因素进行了深入分析；张诗逸等（2015）基于植被、土壤、生态限制等生态敏感性因子分析，构建了建设用地适宜性评价指标体系，并对区域土地生态安全进行了划定。

针对城市化进程中生态安全约束格局的典型案例研究中，何丹等（2011）以山东济宁大运河生态经济区为例，对煤炭资源型城市建设用地开发在采煤塌陷、地下水源保护等方面的空间约束进行了评价；王成金等（2012）以青海玉树地震灾区为例，根据交通优势度的分异性评价土地资源对人类建设活动的约束性差异，进而对城镇建设、居民点选址及产业布局的适宜区位与范围进行了划定；李红波等（2014）以云南安宁市为例，通过元胞自动机模拟低丘缓坡地区建设用地约束格局以及适宜性等级图谱，构建元胞自动机生态位适宜度分析模型，为山地城镇开发可行性评价提供了方法借鉴；杨子生（2015，2016）对云南省山区的地震断裂带、重要矿产压覆、生态环境安全等约束因子进行了分析，并结合基本（一般）因子分析构建评价体系，对山地城市建设用地开发适宜性进行了评价。综合而言，不同尺度、不同地域的城镇建设用地适宜性评价在城市扩张约束分析研究中的广泛应用，为城镇建设用地优化配置、城市扩张空间布局模拟、用地管制与调控均提供了重要的理论基础和技术支撑。

1.2.4 城市扩张优化配置研究

城镇建设用地区域优化配置是我国建设用地指标分配理论研究和规划实践的重要组成部分，也是我国土地利用规划和城市扩张管控的重要内容。近年来学者们结合我国土地利用变化特点，对常用的城镇建设用地预测方法及其在区域内不同空间单元的指标分配思路，提出了较多修正和改进，并在区域城市扩张适宜性的多要素评价基础上，运用数学统计分析、线性规划模型以及非线性分析技术对城市扩张规模与结构进行了预测。

城镇建设用地需求预测研究中，邱道持等（2004）对仅以人口规模或人均建设用地等单因素指标进行城镇建设用地预测的局限性进行了分析，提出同时考虑城镇人口增长和固定资产投资对土地需求拉动作用的双因素预测方法；刘胜华等（2005）在考虑国民经济和人口发展目标的同时，将基本农田保护政策、生态安全对建设用地规模和布局的制约等因素纳入建设用地发展规模预测框架中；黄金碧等（2013）以生产要素合理配置时的用地需求作为预测基数，运用数据包络分析技术，对皖江城市带的城镇建设用地规模适度发展进行了研究。近年来随着非线性技术在多变量系统建模和预测中的广泛应用，我国学者采用人工神经网络构建城镇建设用地需求预测模型的研究逐渐增多，如郭杰等（2009）运用 BP 神经网络对南通市建设用地需求的预测，郝思雨等（2014）采用 RBF 神经网络对成都市城镇建设用地需求的预测等。

对于城镇建设用地在区域内不同行政单元的分配研究，殷少美等（2007）从人口状况、经济发展速度、产业发展以及资源状况等方面选取评价指标，运用主成分分析法和层次分析法与"基础 - 企业 - 市场"（Analytic Hierarchy Process and Groundings-Enterprises-Markets，AHP-GEM）模型，对新增建设用地指标在江苏省各子区域的合理配置进行了量化分析；贺瑜等（2008）在对建设用地区域配置平衡内涵及帕累托最优条件的分析基础上，对建设用地区域配置的帕累托改进模式进行了理论探讨；李效顺等（2009）在分析经济发展与土地利用演变规律的基础上，提出了区域建设用地理性目标计量模型，并对南京市不同情景方案下的建设用地指标确定进行了研究；丁建中等（2009）分别以自然边界、行政边界和网络作为评价单元，对泰州市6 126个评价单元的建设用地空间开发潜力进行了评价，进而确定不同空间单元建设用地数量与结构的优化配置方案；伍豪等（2010）则运用不完全信息动态博弈模型，对建设用地在上下级政府之间的指标分配及动态平衡进行了理论和实证研究；陈凤等（2010）在综合评价区域内各子区域各项社会经济与资源要素的基础上，提出建设用地需求优先度概念，通过评价建设用地需求的相对优先度来确定各子区域的新增建设用地指标；蔡栋（2012）针对规划实施阶段建设用地空间布局与经济效率空间配置的不均衡性，构建了土地利用规划中建设用地调整辅助决策模型，探讨了在保证区域新增总量不变的前提下各镇域建设用地优化配置和空间布局的方法；刘琼等（2013）以国内生产总值（Gross Domestic Product，GDP）、总人口、建设用地容量和农居点整理潜力为评价指标，采用信息熵求和最大化法对江苏省13个地级市的建设用地区域差别化配置进行了测算；翟腾腾等（2014）借鉴相对资源承载力思路，基于社会经济和资源禀赋等要素的单指标相对建设用地规模计算，构建了建设用地总量测度模型，对江苏省62个县市区规划目标的建设用地合理规模进行了预测；肖长江等（2015）综合运用经济学原理和景观安全格局方法，计算建设用地开发的生态 - 经济比较优势度，并据此构建建设用地优化配置模型来实现区域建设用地指标的空间分配。

1.2.5　城市扩张格局模拟研究

国外城市用地模拟研究最早是以中心地为代表的城市形态和结构模型研究，主要集中在对城市土地利用的空间分布、空间结构形态研究上，自计算机产生之后，以空间相互作用模型为代表的静态城市模型，以系统动力学和小尺度土地利用变化及其空间效应（Conversion of Land Use and Its Effects at Small Region Extent，CLUE-S）模型、元胞自动机和多主体模型为代表的动态城市模型相继得到发展。如 Syphard 等（2005）运用元胞自动机模型对加利福尼亚南部的城市扩张进行模拟研究；Mahiny 等（2007）运用地理空间数据和元胞自动机模型模拟了伊朗戈尔甘（Gorgan）市的城市扩张；Rafiee 等（2009）运用城市空间增长与土地变化（Slope, Landuse, Exclusion, Urban extent, Transportation and Hillshade，SLEUTH）模型对伊朗米沙德（Mishad）市的城市用地扩张进行三种不同情景的模拟；Haase 等（2010）运用多智能体模型对德国东部莱比锡的城市发展进行模拟研究；Ferreira（2012）在分析葡萄牙中部小城市城市扩张过程中的土地利用变化及其环境影响的基础上，运用元胞自动机对城市居民点的扩张进行模拟；Arsanjani 等（2013）运用由 Logistic 回归、马尔可夫链和元胞自动机集成的混合模型模拟德黑兰城郊扩张。

随着空间决策技术和智能优化模型研究的不断深入，我国学者在城市扩张空间格局模拟上的研究也有了长足的进步。元胞自动机作为研究城市空间与土地利用扩张的有效方法之一，倍受国内外学者广泛关注（Yeh et al.，2003；Straatman et al.，2004；Verburg et al.，2004；Albeverio et al.，2008；Alkheder et al.，2008；Almeida et al.，2008；Lahti，2008；Menard，2008；Al-Ahmadi et al.，2009；Pijanowski et al.，2010；Sant et al.，2010；Rabbani et al.，2012；Chaudhuri et al.，2013；Basse et al.，2014）。近年来，国内学者对元胞自动机模型在城市扩张模拟与分析中的研究，主要体现在城镇用地扩张形态模拟、城市扩张边界划分（龙瀛等，2009）、城市扩张效应（裴凤松 等，2015）以及土地利用规划预评估（马世发 等，2014）等方面。基于 GIS 空间分析与元胞自动机模型的研究较多地围绕元胞自动机约束条件与转换规则、模型模拟精度等问题展开，如杨青生等（2006）、杨青山（2008）对将城市用地新增总量作为约束条件以及通过获取城市内部分区的元胞转换规则来构建时空动态约束元胞自动机（Cellular Automata，CA）模型的方法进行了探讨；龙瀛等（2009）将空间约束、制度性约束、邻域约束等作为CA模型约束条件，构建了北京城市空间发展分析模型；马世发等（2013）将城市发展战略引导作为约束条件引入约束性CA模型，对广州市城镇建设用地变化进行模拟；乔纪刚等（2009）通过划分各个全局影响因子的重要性子区域，提出基于分区域的CA模型来提高其模拟精度；刘翠玲等（2015）探讨了通过加大小样本数据权重方法、集成Logistic回归与单一参数循环方法等提高CA模拟精度；马世发等（2015）通过对传统CA模拟结果时空维度的精度分析，探讨了CA模拟精度的时空衰减规律。近年来，学者们也尝试将元胞自动机模型与神经网络（Li et al.，2001；Li et al.，2002）、蚁群算法（Liu et al.，2008）、多智能体（全泉 等，2011）、随机森林（陈凯 等，2015）等相结合，试图基于智能化建模寻求更有效解决复杂城市系统演变模拟问题的方法。

1.2.6 现有研究的问题与不足

（1）现有城市扩张测度研究大多以单一城市的扩张特征分析为主，或较多关注大尺度区域（如全国、城市群等）不同空间单元城市扩张的空间结构与关系，相较而言，对城市内部不同空间单元的城市扩张空间结构定量测度体系研究不足；有关城市扩张的空间分布特征分析，主要从行政区划单元或基于几何形态划分层面展开，面向城镇等级结构体系的城市空间扩张特征的研究较少。

（2）现有城市扩张驱动力模型研究中，栅格尺度上的驱动分析模型多选取自然环境因子与社会经济区位因子来考察空间驱动作用，对于抽象的政策因素的空间量化研究不足。如何将政策要素特别是面向城镇等级体系规划的驱动因子以科学的方式纳入城市扩张驱动力分析的模型有待加强研究。

（3）现有城市扩张约束研究，较多考虑生态安全对城镇扩张的约束，较少对耕地保护约束进行分析；以行政区为单元提取的耕地保护或生态安全指标无法体现其空间上的连续性和非均衡性；构建系统的城市扩张空间约束分析指标与方法体系的研究有待加强。

（4）现有城市扩张用地优化配置研究与实践多根据城市社会经济发展需求来分配用地指标，在综合考虑经济发展水平和资源环境条件进行配置的研究中，亦存在空间要素指标受行政区划单元限制，削弱其空间连续性，无法科学地反映城市区域分配依据的情况。如何建立科学的区域分配依据，实现城市总量在城市内部空间单元的优化配置，有待深入探讨。

（5）现有运用元胞自动机对城市扩张进行模拟的研究，虽然从多个角度对元胞转换规则进行了探索，但对地理分异规律作用下城市内部不同空间单元的差异性考虑不足，如何将空间差异性的影响纳入城市元胞转换规则，以便在模拟中更好地体现城市空间布局的合理性，有待进一步探究。

1.3　研究内容与框架

1.3.1　城市扩张基础理论与研究方法

城市扩张是一个涉及自然、社会、经济、政策等多因素的复杂系统的演变过程。扩张测度与动态模拟研究的理论与方法支撑源自地理学、生态学、经济学、智能计算以及土地科学和规划学等诸多领域的理论、原理、技术和方法。通过对城镇体系规划概念以及不同学科在城市扩张研究中的相关理论与方法进行梳理和阐述，可理清研究思路，构建明确的技术方法体系，并为实证分析与研究奠定坚实的理论基础。

1.3.2　基于城镇体系规划视角的城市扩张测度指标与方法体系

城市扩张特征包括数量特征与空间特征两个方面。扩张数量特征主要反映在城镇建设用地空间分布与格局上，城市内部不同单元的城镇建设用地规模亦存在一定的空间结构与关系，因此在传统的仅针对城市整体的扩张数量与空间特征构建测度指标和方法体系的基础上，有必要构建面向城镇体系的城市扩张测度空间结构指标与方法体系，以便更好地把握城市扩张的历史规律和变化趋势，为城市扩展时空演变格局与过程分析提供系统性研究范式。

1.3.3　基于城镇体系规划视角的城市扩张驱动力模型修正与改进

城市扩张驱动因素较多，且相互联系、相互作用，共同推进城市土地利用时空格局演变。本书在选取传统的自然环境与社会经济区位因子作为驱动因素的同时，针对政策因素空间化研究的不足，拟从城镇体系规划视角选取综合反映不同等级城镇体系规划与空间布局的政策要素，纳入修正的 Logistic 回归分析。此外，基于土地利用空间数据之间的空间依赖关系，本书引入空间自相关变量，进一步对城市扩张空间驱动力模型进行改进。

1.3.4　基于城镇体系规划视角的城市扩张空间约束分析指标与方法

城市扩张的空间约束分析是城市土地利用优化配置和空间布局模拟研究的基础性内容和环节。针对我国城市扩张中较为突出的耕地退化和生态威胁问题，本书从城市扩张的耕地保护约束和生态安全约束两个方面，构建城市扩张空间约束分析的指标和方法体系。依据数据的可获取性原则，为避免削弱数据的空间连续性，本书运用生态安全格局方法分析城市扩张空间约束格局，并依据不同城镇规模等级抗约束能力的差异性，运用分级赋权的方法构建面向城镇体系的城市扩张空间约束分析模型。

1.3.5　基于城镇体系规划视角的城市扩张优化配置与模拟

城市内部不同空间单元的城镇建设用地数量分配与空间布局密切相关，空间布局以数量分配为前提，数量分配通过空间布局得以更好地体现。本书将城镇建设用地区域配置与空间布局模拟结合，构建城镇建设用地动态模拟的内容和方法体系。城镇建设用地区域优化配置研究主要是基于各区域适宜性指数、全域城镇建设用地需求总量以及禁止建设用地规模等参数的设定，构建线性规划模型，并根据扩张的主导因素设定不同情景，为最优配置方法的选择提供对比依据；针对经典 CA 模型对空间差异性考虑的不足，结合不同等级体系空间单元的扩张驱动力与数量控制上的差异性，对 CA 模型进行改进，同时预设不同扩张模式下的模拟情景，运用 CA 转换原理实现不同情景下城市扩张空间格局的模拟。

1.3.6　武汉市城镇体系规划视角下的城市扩张测度与模拟

基于城镇体系规划视角的城市扩张测度体系、驱动力分析模型、适宜性评价体系以及区域优化配置与空间模拟等方面的研究技术与方法，本书以武汉市为实证分析研究区，基于城镇体系规划视角对其城市扩张特征、规律进行测度、分析和优化布局，通过对各项研究方法的应用、验证，为构建中心城市完整的城市扩张特征、过程、机理与趋势研究体系提供有效的方法参考与借鉴。

1.3.7　研究思路与技术路线

本书的研究目的在于为城市扩张规划布局理论研究与实践操作提供理论依据和方法参考，研究思路集中体现在基于城镇体系规划视角，通过城市扩张定量测度以及扩张特征与规律分析，为城市扩张机制与预测模拟研究奠定基础；进而通过城市扩张空间驱动力、空间约束分析以及区域优化配置研究，为城市扩张模拟所需要的历史转换概率、空间约束条件和数量约束条件提供依据；最后通过城市扩张数量上的优化配置与空间上的布局模拟，为城市空间规划布局与调控提供决策参考。本书研究思路与结构示意图见图1-1。

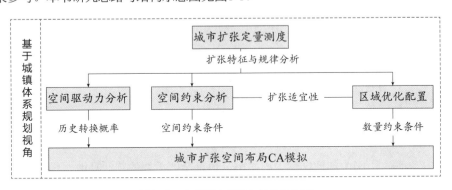

图1-1　本书研究思路与结构示意图

依据研究思路，本书将研究内容分为七章（见图1-2），第1章为导论，概述研究背景与意义以及现有相关研究进展与不足，为研究问题与内容的提出提供依据；第2章为基本理论与方法，梳理基本概念、基础理论和方法，为主体研究的理论探讨和实证分析奠定基础；第3、4、5、6章以理论分析和实证研究相结合的方式，分别对城市扩张特征、城市扩张空间驱动、城市扩张空间约束以及城市扩张的数量优化配置与空间布局模拟展开探讨；第7章为结论与展望，总结研究结论，并针对研究中存在的不足提出后续研究展望。第3~6章主要基于城镇体系规划视角对城市扩张格局－机制－预测－模拟进行系统研究，是本书的主体部分。针对现有研究中的不足，各章依次对城市扩张定量测度、驱动力分析、空间约束格局、数量优化配置以及空间布局模拟等内容和方法体系进行改进和完善，研究技术路线见图1-3。

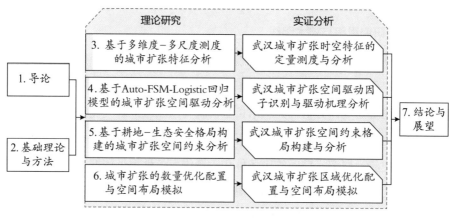

图1-2 研究内容与框架图

1.4 研究区概况与数据处理

1.4.1 研究区概况

武汉，简称"汉"，俗称"江城"，是湖北省省会，因武昌、汉口、汉阳三地合称而得名。它位于湖北省东部、长江与汉江交汇处、中国腹地中心，是国家历史文化名城、中国中部地区的中心城市，也是全国重要的工业基地、科教基地和综合交通枢纽。在我国经济地理圈层中，武汉处于优越的中心位置，与邻省的长沙、郑州、洛阳、南昌、九江等大中城市相距600 km左右，与北京、天津、上海、重庆、广州、香港特别行政区、西安等特大城市或地区相距1 200 km左右，得天独厚的区位优势非常明显。因具备独特的区位和交通优势，承东启西、接南连北的武汉被国内经济学家誉为"中国经济地理中心"。1997年，武汉市被联合国开发计划署和环境计划署共同列为全球17个可持续发展城市之一。近年来，在"建

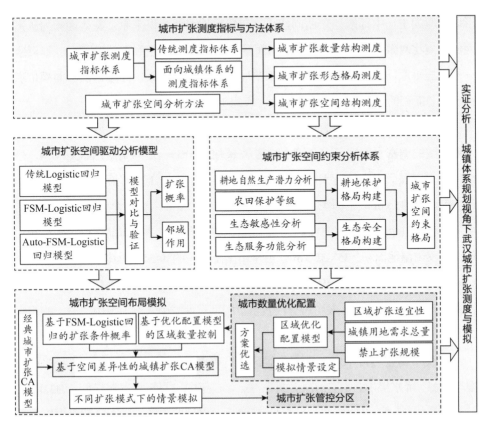

图1-3 研究技术路线

设国家中心城市"的总体发展目标下,武汉面临跨越式发展的强烈空间拓展诉求;同时,武汉作为"两型社会建设综合配套改革试验区"核心城市和具有独一无二水资源特色的滨江、滨湖城市,担负着保护城市生态资源、促进城镇空间集约节约发展的职责(吴之凌 等,2013)。武汉市东西最大横距134 km,南北最大纵距155 km,土地总面积约8 549 km²,建成区面积534.28 km²,现有13个辖区,其中江岸区、江汉区、硚口区、汉阳区、武昌区、洪山区、青山区7个为中心城区,东西湖区、蔡甸区、江夏区、黄陂区、新洲区、汉南区6个为远城区。

1. 自然地理条件

武汉市地处东经113°41′~115°05′、北纬29°58′~31°22′,位于江汉平原东部,为湖北省东南丘陵经江汉平原东缘向大别山南麓低山丘陵过渡地带。地

形以平原为主，中部散列东西向残丘，属残丘性河湖冲积平原。整体地势为东高
西低，南北两面向中间凹陷，地势剖面呈盆状，中部低洼平坦，三面有山脉环绕，
一面毗连平原，其间残丘横亘。全市垄岗平原、平坦平原、丘陵、低山面积依次
占土地总面积的42.6%、39.3%、12.3%和5.8%。

武汉市河流纵横，湖泊众多，港汊塘堰和沟渠星罗棋布，是我国水资源丰富、
水域辽阔的稠密水网地区。全境水域覆盖率为26.10%，占全市国土面积的1/4，是
全世界水资源最丰富的特大城市之一。世界第三大河长江及其最大支流汉水在市
区交汇，境内5 km以上河流165条，水面面积471.31 km²；城中大小湖泊170个，其
中城区湖泊41个，郊区湖泊129个；湿地资源亦居全球内陆城市前三位，截至2010
年，武汉市湿地面积3 358.35 km²，占全市国土面积的39.54%，其中天然湿地面积
1 561.86 km²，人工湿地面积1 796.49 km²，享有"湿地之城"的美誉。武汉市人均
占有地表水114 000 m²，人均占有地表水量居世界大城市之首，是中国最大的淡水
中心。

武汉市属亚热带季风性湿润气候区，具有雨量充沛、日照充足、四季分明、
夏季高温、降水集中、冬季稍凉湿润等特点。一年中，1月平均气温最低，为3.0℃；
7月平均气温最高，为29.3℃；夏季长达135天，春秋两季各约60天。初夏梅雨季节
雨量较集中，年降水量为1 205 mm，年无霜期达240天。武汉市植物区系属中亚热
带常绿阔叶林向北亚热带落叶阔叶林过渡的地带，常绿阔叶林和落叶阔叶林组成
的混交林是全市典型的植被类型。

2. 经济社会基础

截至2013年，武汉市常住人口1 022万人，户籍人口822.05万人，其中，农业人
口266.18万人，非农业人口555.60万人，人口城乡结构比为2.09，而在1996年，武
汉市人口城乡结构比仅为1.38，农村人口向城镇的大量聚集成为近年来武汉市人口
机械变动的主要原因。武汉各行政区中，洪山区人口最多，常住人口有147.74万人，
是近年来人口增幅最高的区，汉南区人口最少，仅有12.68万人。1996年至2013年间，
武汉市人口密度由846人/km²增长为1 203人/km²，其中江汉区人口密度最大，由
13 278人/km²增长为21 331人/km²。

武汉市是华中地区乃至中国内陆最大的工商业城市。进入21世纪以来，武汉

市的城市建设有了长足进步。20世纪90年代，武汉经济技术开发区、武汉东湖新技术开发区、吴家山台商投资区以及阳逻开发区等相继建立，武汉市经济基础和实力远远超过中部地区其他城市。2013年，武汉地区 GDP 达9 051.27亿元，其中第一、二、三产业 GDP 分别为335.40亿元、4 396.17亿元和4 319.70亿元，第一、二、三产业比重由上年的3.8∶48.3∶47.9调整为3.7∶48.6∶47.7。人均 GDP 达110 106.08元，为1996年武汉市人均 GDP 的10.08倍。

武汉位于长江和汉江汇流处，水运便利，有"九省通衢"之称，现在则是中国高铁客运专线网主枢纽，中国四大铁路枢纽、六大铁路客运中心、四大机车检修基地之一。2009年，武汉市获批全国首个综合交通枢纽研究试点城市，同年年底，武汉站开始运营，标志着武汉成为全国高速铁路枢纽城市。2011年，随着武汉城市圈城际铁路、石武客运专线和汉宜客运专线等22个铁路项目建成运行，武汉成为中国铁路"两纵两横"的交汇点，全国路网主枢纽和客运中心。2013年，武汉铁路客运量首次超越北京、广州，达到1.2亿人次，居中国第一，成为国内铁路运输的最大中转站。

随着经济水平的快速提高，武汉市居民生活水平日益提升，生活环境日趋改善。2013年武汉市城市居民人均可支配收入为29 821.22元，是1996年人均收入水平的6.34倍；人均消费支出为20 157.32元，其中食品支出为7 770.69元，恩格尔系数为38.56%，比1996年下降了12.86个百分点；人均住房建筑面积33.5 m²，相比2001年增加了23.85 m²。2013年武汉市农村居民人均纯收入为12 713.46元，是1996年的5.75倍；人均消费支出为8 166.70元，恩格尔系数为38.30%，比1996年下降了10.75个百分点；人均居住面积为47.82 m²，相比2001年增加了15.73 m²。

武汉市于2008年开始创建全国卫生文明城市，城市面貌大为改善。至2013年年末，全市共有公园73个，其中免费开放66个，公园绿地面积6 622.29 hm²，人均公园绿地面积10.54 m²，建成区绿化覆盖率为38.85%，森林覆盖率达27.41%。年末轨道交通线路总长度为73.38 km，比上年增加了16.49 km，一定程度上缓解了城市公共交通压力。全年城市污水集中处理率为92.5%，城市生活垃圾无害化处理率达95%。

3. 城市化发展进程

武汉市在经历了二十多年的经济社会高速发展之后，2012年的城市化水平已经达到67.68%，进入城市化发展的中后期阶段。由图1-4可见，自1999年来武汉市城市化发展进入城市化加速发展的较高阶段，人口城市化率明显高于全国平均水平，在中部地区各省会城市中处于领先地位。城市化水平的不断提高为武汉市经济社会的全面进步和全面小康社会建设提供了坚实基础和强劲动力，同时也让武汉市进入人口、环境、资源、经济、社会等各类矛盾集中暴露、社会急剧分化、环境负荷迅速加重的关键时期。但与北京、上海、广州等发达城市相比，武汉市城市化水平仍存在较大差距。

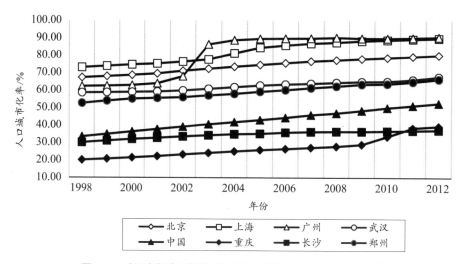

图1-4　武汉市与全国其他城市及全国平均人口城市化水平对比图

数据来源：1999—2013年中国及相关城市统计年鉴。

自中华人民共和国成立以来，武汉市行政区划历经多次调整（张振家，2015），由于历史、政治、经济、体制及政策因素的综合作用，武汉市总体上形成了较为突出的二元空间结构特征，即拥有较先进的现代生产力的经济发达中心城区与主要依靠传统的以手工劳动为主的生产力的经济欠发达郊区农村并存，由此带来了市内不同地域之间较大的城镇化发展差异。由2013年武汉市各区人口与 GDP 对比（见图1-5）可知，中心城区中除洪山区农业人口较多以外，武汉市农业人口主要分布在远城各区；武汉市各区农业 GDP 比重远低于非农产业 GDP，农业 GDP 主要源自新洲、黄陂、新洲、蔡甸、汉南等农业生产区。而2013年武汉市各区户籍人口与常住人口对比图（见图1-6）及相关资料亦显示各区由于社会经济基础不同，存在较大的城镇化发展差异。综合而言，紧邻中心城区的远城区是城镇化快速发展过程中矛盾与问题最为突出的区域之一，也是对武汉这个特大城市未来空间结构产生最大影响的区域之一（吴之凌 等，2013）。

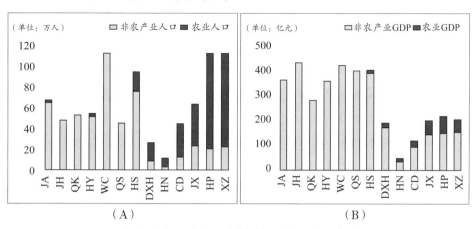

图1-5　2013年武汉市各区人口与 GDP 对比图

注：JA 代表江岸区；JH 代表江汉区；QK 代表硚口区；WC 代表武昌区；QS 代表青山区；HS 代表洪山区；DXH 代表东西湖区；CD 代表蔡甸区；JX 代表江夏区；HP 代表黄陂区；XZ 代表新洲区。

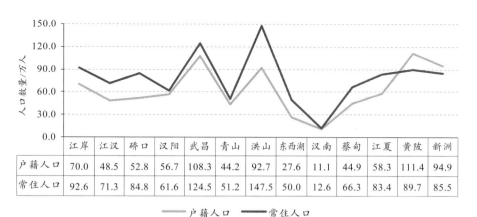

	江岸	江汉	硚口	汉阳	武昌	青山	洪山	东西湖	汉南	蔡甸	江夏	黄陂	新洲
户籍人口	70.0	48.5	52.8	56.7	108.3	44.2	92.7	27.6	11.1	44.9	58.3	111.4	94.9
常住人口	92.6	71.3	84.8	61.6	124.5	51.2	147.5	50.0	12.6	66.3	83.4	89.7	85.5

图1-6　2013年武汉市各区户籍人口与常住人口对比图

4. 城市空间发展战略布局

近年来，围绕将武汉市建设成为促进中部地区崛起的重要战略支点城市这一目标，同时以建立严格的空间管制体系和科学的生态安全格局为指导原则，各部门对城市空间发展战略布局形成了较为一致的规划思路。

《武汉市土地利用总体规划（2006~2020年）》根据城镇功能和空间发展战略，提出构建中心城 - 重点镇域 - 中心镇域 - 一般镇域四级镇域体系。中心城为城市发展核心，主要承担金融贸易、科教文化、科技研发等功能，对中部地区和武汉城市圈具有较强的辐射作用。重点镇域是城镇空间拓展、产业集中布局和生态绿楔的重点地区。中心镇域和一般镇域均以农业生产为主，前者是城市交通、旅游等功能空间拓展、基本农田分布和生态建设的一般地区，后者是都市农业发展、基本农田分布和生态建设的重点地区。同时，该规划依据区域土地资源特点和功能定位差异，将全市划分为中心城优化建设区、重点镇及产业集中建设区、生态用地区和基本农田保护区四个土地利用分区。武汉市土地利用分区规划见彩图1。

《武汉市城市总体规划（2010—2020年）》提出以长江、汉水及318国道、武黄公路、汉十高速公路等为主要城镇发展轴，点轴式布局各级城镇，构建主城、新城、中心镇和一般镇四级城镇体系，同时对市域建设划定禁建区、限建区、适建区，实行分区控制和分级管理，以保护市域生态环境。《武汉市国民经济与社会发展第十二个五年规划纲要》也提出以主城区为核心，以新城组群为重点，以中心镇和一般镇为基础，形成多层次的城镇网络体系；在明确主体功能区划的基础上，完善各级城镇功能，通过优化开发主城区、重点开发新城组群、调整优化城镇布局等措施，构建有序的城市发展总体空间布局。武汉市市域空间分布规划见彩图2。

此外，《武汉都市发展区"1+6"空间发展战略实施规划》也对划定主城和新城组群生态隔离带，界定城市增长边界，防止城市无序蔓延等重要决策进行部署；《武汉都市发展区生态框架实施规划》则将武汉市市域划分为主城区、新城组群地区和农业生态区三个圈层，其中主城区与新城组群地区共同构成都市发展区，是未来武汉市城市功能的主要集聚区和城市空间的重点拓展区，外围农业生态区则强调都市农业发展。该规划亦明确都市发展区范围内生态控制用地与建设用地规模基本达到2∶1，按适宜建设程度划分为禁建区、限建区和适建区以制定空间管制要求。

综合而言，武汉市各部门对市域城镇规模等级体系及功能区划分具有较为一致的宏观战略性构想，虽然各级规划在基础数据平台、用地分类标准对接以及城镇扩张边界、生态红线的划定等方面还有待协调，但在探索"多规合一"方面已经取得了较大的进步，为后续国土资源和城市规划的合一管理奠定了坚实基础（肖昌东 等，2012）。

1.4.2　数据来源与预处理

1. 土地利用数据建库

基于数据质量及其权威性考虑，本研究中土地利用数据主要选取武汉市第一次全国土地调查（1997年完成，简称"一调"）、第二次全国土地调查（2009年完成，简称"二调"）的土地利用图斑数据和武汉市2013年的"二调"变更数据，同时将武汉市2002年和2006年两期土地利用变更数据作为参考。由于"一调"期间武汉市土地利用现状分类采用的是1984年《土地利用现状调查技术规程》分类标准，2002年和2006年土地利用变更数据采用的是国土资源部于2001年8月印发的《土地分类（试行）》标准，"二调"期间使用的是中国质量监督检验检疫总局和中国国家标准化管理委员会于2007年9月联合发布的《土地利用现状分类》标准，三套分类标准存在较大差异，要对四期数据进行比较研究，必须将四期数据统一在相同的分类标准之下。本书结合研究目标并对照两种分类标准中的地类名称及含义，将土地利用类型划为八大类，即耕地、林地、其他农用地、城镇建设用地、农村建设用地、其他建设用地、水域和未利用地，同时将三种数据分类标准中的二级类进行归并，形成土地利用分类系统（见表1-1）。

依据表1-1中的土地利用分类系统，运用 ArcGIS 10.2中的 dissolve 工具对武汉市五期土地利用现状数据进行数据融合，得出武汉市及各区五期土地利用现状图和相应的土地利用现状属性数据库，彩图3显示了武汉市1996年、2002年、2006年、2009年和2013年这几个不同时期土地利用类型的空间分布。

表1-1　土地利用类型不同分类标准代码与名称对照表

一级类	二级类	1984 年分类标准二级类代码与名称	2002 年分类标准三级类代码与名称	"二调"分类标准二级类代码与名称
耕地	水田	11 灌溉水田 12 望天田	111 灌溉水田 112 望天田	011 水田
	旱地	14 旱地	114 旱地	013 旱地
	水浇地	13 水浇地 15 菜地	113 水浇地 115 菜地	012 水浇地
林地	有林地	31 有林地	131 有林地	031 有林地
	灌木林地	32 灌木林地	132 灌木林地	032 灌木林地
	其他林地	33 疏林地 34 未成林造林地 35 迹地 36 苗圃	133 疏林地 134 未成林造林地 135 迹地 136 苗圃	033 其他林地
其他农用地	园地	21 果园 22 桑园 23 茶园 24 橡胶园 25 其他园地	121 果园 122 桑园 123 茶园 124 橡胶园 125 其他园	021 果园 022 茶园 023 其他园地
	草地	41 天然草地 42 改良草地 43 人工草地	141 天然草地 142 改良草地 143 人工草地	041 天然牧草地 042 人工牧草地
	其他农用地	74 坑塘 77 沟渠 87 田坎 63 农村道路	151 畜禽饲养地 152 设施农业用地 153 农村道路 154 坑塘水面 155 养殖水面 156 农田水利用地 157 田坎 158 晒谷场等	104 农村道路 114 坑塘水面 117 沟渠 121 空闲地 122 设施农用地 123 田坎
城镇建设用地	城市	51A 城市	201 城市	201 城市
	建制镇	51B 建制镇	202 建制镇	202 建制镇
	独立工矿用地	53 独立工矿用地	204 独立工矿用地	204 采矿用地
农村建设用地	农村居民点	52 农村居民点	203 农村居民点	203 村庄
其他建设用地	交通运输用地	61 铁路 62 公路 64 民用机场	261 铁路用地 262 公路用地 263 民用机场	101 铁路用地 102 公路用地 103 街巷用地 105 机场用地

一级类	二级类	1984年分类标准二级类代码与名称	2002年分类标准三级类代码与名称	"二调"分类标准二级类代码与名称
其他建设用地	交通运输用地	65 港口码头	264 港口码头用地 265 管道运输用地	106 港口码头用地 107 管道运输用地
	水利设施用地	73 水库水面 78 水工建筑物	271 水库水面 272 水工建筑用地	113 水库水面 118 水工建筑物用地
	特殊用地	54 盐田 55 特殊用地	205 盐田 206 特殊用地	205 风景名胜区及特殊用地
水域	河流	71 河流水面	321 河流水面	111 河流水面
	湖泊	72 湖泊水面	322 湖泊水面	112 湖泊水面
	滩涂	76 滩涂	324 滩涂	115 沿海滩涂 116 内陆滩涂
	其他水域	75 苇地 79 冰川及永久积雪	323 苇地 325 冰川及永久积雪	119 冰川及永久积雪
未利用地	未利用地	81 荒草地 82 盐碱地 83 沼泽地 84 沙地 85 裸土地 86 裸岩、石砾地 88 其他	311 荒草地 312 盐碱地 313 沼泽地 314 沙地 315 裸土地 316 裸岩、石砾地 317 其他	043 其他草地 124 盐碱地 125 沼泽地 126 沙地 127 裸地

2. 基础地理信息处理

本研究所使用的基础地理信息数据包括：

（1）武汉市 DEM 数据，源自2007年 SRTM 90 m 分辨率高程数据。

（2）植被覆盖度数据，源自2011年武汉市30 m×30 m 分辨率的 TM 遥感影像，利用 ENVI 5.1影像处理平台，采用最大最小值处理方法（穆少杰 等，2012）计算得出武汉市植被覆盖度（见彩图4）。

（3）土壤质地信息，源自2012年武汉市农用地分等定级数据。

（4）交通网络分布信息，源自2010年武汉市道路交通分布矢量数据。

（5）乡镇区划：由于1996—2013年间武汉市乡镇区划经过多次调整，因此经过相关对比发现，武汉市不同时期土地利用现状图中的乡镇划分与现实中的行政区划有较大差异，且存在开发区与行政区重叠等问题。为统一数据分析口径，减少数据统计的繁杂度，综合各类统计数据和相关规划文件，本书将武汉市乡镇区划进行局部合并整理，主要表现为将主城中江汉、江岸、硚口、汉阳、武昌、青山和洪山城区确定为7个独立单位，将江夏、蔡甸等区内的开发区与所属镇域行政单位合并，最终形成85个乡镇单位作为城镇体系研究区域。

（6）功能区与城镇体系：综合各级规划对武汉市城市空间发展战略的构建，本书依据武汉市城市总体规划中的市域空间布局图提取相关信息，并将武汉市由内而外分为中心城区、都市拓展区和生态农业区，同时结合土地利用规划中四级城镇体系的构建，提取不同等级体系城镇分布图。武汉市功能区与城镇等级体系分布见彩图5。

3. 社会经济数据整理

本书选用的社会经济数据主要以武汉市及各区统计年鉴和统计公报数据为主，包括1997—2014年武汉统计年鉴和相关年份武汉市各区统计年鉴，同时参考武汉市第四次人口普查资料（2010）、1997—2014年湖北统计年鉴、《武汉市土地利用总体规划（2006~2020年）》《武汉市城市总体规划（2010—2020年）》《武汉市国民经济与社会发展第十二个五年规划纲要》《武汉都市发展区"1+6"空间发展战略实施规划》《武汉都市发展区生态框架实施规划》等资料。由于书中所使用的数据涉及1996—2013年间武汉市85个乡镇单位，数据可获取性相对较差，为维持数据的完整性，对部分缺失数据采用插值法和多形式拟合等方法进行补充处理。

1.5　本章小结

本章分析了本书的选题背景及研究意义，通过对国内外城市扩张特征、驱动力分析、适宜性评价以及动态模拟研究现状进行考察和梳理，找出了相关研究中存在的问题和不足，在此基础上，提出本书研究内容体系与框架；对实证研究区——武汉市的自然地理条件、经济社会发展基础、城镇化发展进程及城市空间发展战略进行了简要描述，同时对本研究中选用的土地利用数据、基础地理信息数据和社会经济数据的收集与预处理给予交代。

第2章 基础理论与方法

2.1 城镇体系相关概念

2.1.1 城镇体系

城镇是以非农产业和非农业人口集聚形成的社会经济活动综合体（包括按国家行政建制设立的市、镇），它们在自己所吸引和辐射所及的地域基础上成长发展，通常包括住宅、工业区和商业区，有行政管辖功能。城镇是地区非农业人口和非农产业活动在空间上的集中表现形式，是区域社会经济的核心和缩影。由于地理环境、建制情况、人口状况、行政级别以及社会功能等方面存在差异，不同地域范围内的城镇往往呈现出不同面貌。

城镇体系是指在一定地域范围内，有着不同等级规模、不同职能分工的各种类型城镇联系密切、有序分布、有机组合而成的城镇群体。不同层次地域范围内，某一（些）城镇以其优越的经济、社会、科技和文化等条件确立其中心地位，同时又对区域内其他城镇的社会经济发展起着集聚与辐射作用，进而促成区域（或城市）城镇体系的不断完善和发展。城镇体系是区域内自然环境、社会发展和经济水平等方面共同作用的产物（陈皓峰 等，1990），其组织形式往往受到地区自然条件、资源分布、交通条件、经济发展水平和城镇空间结构等诸多因素的影响（周一星，1986）。作为一个系统概念，城镇体系从属于更大的社会经济系统，具有整体性、关联性、层次性、开放性以及动态性等特征。

城镇体系概念发轫于城市地理学和一般系统论的有机结合，城镇体系规划理论研究则融合了中心理论、增长极理论、核心 - 边缘理论、生产综合体理论、簇群理论、协调发展和可持续发展理论等相关理论的重要观点而形成。根据所属地域范围的尺度差异，城镇体系可以划分为全球城市体系、国家城镇体系、区域城镇体系、市（县）域城镇体系等类别。结合本书的研究目的，特选取武汉市作为实证研究区，因此书中凡涉及的城镇体系概念均为市域城镇体系。

2.1.2 城镇体系结构

市域城镇体系是以中心城为核心，以城镇规模等级结构、职能结构和空间结构为骨架，以最有效地实现城市建设和城市社会、经济及生态发展为目标，各个不同类型城镇之间相互依赖、相互促进而形成的地域综合体。其城镇体系结构主要包括三个方面，即以人口规模为基本条件的城镇规模等级结构、以社会经济发展水平为基础的职能结构和依托交通网络连接形成的空间结构。市域城镇体系规模等级结构和职能结构是空间结构的依托，空间结构则是规模等级和职能结构在空间上的投影和体现。城镇体系空间结构的合理规划和调整是促进市域城镇体系这一综合体有序发展最重要也是最直接的部分。

城镇体系空间结构是指城镇体系内各个城镇在空间上的分布、联系及其组合形态，是地域经济结构、社会结构和自然环境在城镇体系布局上的空间映射。从城镇体系形成机制来看，城镇体系空间结构主要包括集中和分散两种（顾朝林，1987）；依具体形态而言，城镇体系空间结构可概括为三种：一是由线连点的线形，强调交通干线对城镇间关联的空间组织作用，主要是由城镇间的交通干道将各个城镇串联在一起，包括沿一条干线延伸的带状结构及多条干线放射状向外延伸结构和海星状结构等；二是由点环线的圈形，由中心城向外将各个圈层内的城镇用环形干道连接起来，强调中心城的辐射功能和带动力，包括卫星状结构、蛛网结构等；三是多心网形，既有多个综合中心又有众多小城镇（或专门功能区），强调城镇职能之间的协调和分工，充分利用等级层次控制的稳定性，同时达到集中与分散的平衡（徐斌，1999）。

2.1.3 城镇体系规划

城镇体系规划是指在一定地域（城市）范围内，以区域（或城市）生产力合理布局和各个城镇职能分工为依据，确定不同人口规模等级和职能分工的城镇的空间布局和发展规划。其实质就是要超越行政区划，把多个行政单元、多个利益主体协调在一起，通过合理组织体系内各城镇之间、城镇与体系之间以及体系与其外部环境之间的各种经济、社会等方面的相互联系，运用现代系统理论与方法探究整个体系的整体效益（宋家泰 等，1988）。

自第二次世界大战以来，西方发达国家便结合区域规划、国土规划，开展了大规模的城镇体系规划和研究工作。而我国的城镇体系规划与研究工作是在20世纪50年代中后期才开始起步，直到20世纪80年代，随着改革开放的不断深入，城市化进程步入健康稳定发展时期，城镇体系规划及相关研究才得到重视和发展（刘玉亭 等，2008）。在国家国土规划与其他规划严重缺位的情况下，城镇体系规划为区域协调和城乡统筹发展发挥了无法磨灭的作用（张兵 等，2014）。1984年我国《城市规划条例》明文规定，"直辖市和市的总体规划，应当把市的行政区域作为统一的整体，合理部署城镇体系"，进而向城市规划和地理界提出了开展市域城镇体系规划的迫切要求。近年来，随着城镇化水平的提高以及城市建设的迅速发展，我国市域城镇体系规划有了较大发展，基本上形成了以中心城区为核心、中心镇为节点、一般乡镇为基础，以便捷的交通网络为纽带的多层次梯度网络体系。新时期城镇体系网络布局为提升城镇发展质量、促进区域经济协调发展、提高城镇化水平提供了高效的载体系统。

2.2 土地利用规划理论

2.2.1 土地资源优化配置

土地资源优化配置是指根据国民经济发展需要以及区域的社会、经济和生态条件，在区域发展战略指导下，对适合于特定开发利用目标的多种用地类型在数量结构和空间布局上的合理选择和安排（江福秀，2008）。土地资源优化配置是一种过程和手段，需要通过匹配土地经济、社会或生态适宜性、经济性与土地利用方式，形成合理的土地利用结构与布局，以最大限度地提高土地利用综合效益（陈梅英 等，2009；尹珂 等，2012）。土地资源优化配置的根本任务在于提升土地利用系统的结构效应，增强土地利用系统综合功能，促使土地资源在各地区、各产业、各部门的合理分配和集约利用。土地资源优化配置是土地可持续利用的重要途径，反映了人类在土地资源利用和土地开发建设中从破坏性利用向集约性利用的转变。科学合理的土地利用结构与布局可以有效缓解资源、环境和人口问题，是国民经济可持续发展的重要保障（吕春艳 等，2006）。

土地资源优化配置的四大要素包括时间、空间、数量和用途，各要素的配置状态可相应地表述为土地利用的可持续性、土地空间布局的均衡性、土地数量结构的合理性和土地用途的相对稳定性（徐勇 等，2001）。对特定用途的土地进行优化配置，其核心任务就是在空间尺度上，多层次进行安排、设计、组合和布局，以提高土地利用效率和效益，维持土地生态系统的相对平衡，实现土地资源的可持续利用。土地资源优化配置是一个多目标、多层次的持续拟合和决策过程，往往需要采用多种方法论，包括数学规划、动态模拟、系统工程学理论和方法等（陈梅英 等，2009）。近年来，"3S" 技术为土地资源利用和决策过程的空间数据分析提供了重要技术支撑。该技术将数学方法和 GIS 功能相结合，实现土地资源数量和空间上的合理配置，故而成为土地科学、地理学以及城市规划等相关领域的研究热点，推动了土地资源优化配置理论和技术的发展（Goodchild，1992）。

2.2.2 反规划理论

伴随城市化和工业化的高速发展，城市的无序扩张、土地资源的过度开发以及产业结构的不合理布局越来越严重，在恶化人地关系的同时，也对整个社会经济的可持续发展造成极大的阻碍。这些现象的产生与我国传统计划经济体制下形成的以"规模 - 性质 - 空间布局"为模式的空间规划编制方法（俞孔坚 等，2005）密切相关。此背景下，基于对城市无序扩张的应对和对传统规划方法的反思，我国学者俞孔坚率先提出反规划（anti-planning）理念及其规划模式和途径（俞孔坚等，2002）。

反规划并非不规划或反对规划，而是针对传统规划方法中单纯以人口和城市化水平预测为基础来确定城市土地开发需求和空间布局的方法，以及由此造成的"经济发展先行，生态保护滞后"等后果，提出应优先对非建设用途的生态用地进行前瞻性布局，之后再考虑建设用地空间布局的物质空间规划途径（刘传明 等，2006；俞孔坚 等，2008）。若将传统规划程序作为"正"或"顺"规划，反规划则表达出规划程序上的逆动。传统规划与反规划思考流程对比见图2-1。若将城市建设与生态过程视作规划中的"图"与"底"，则两者在传统规划和反规划中的"图""底"关系正好相反。就实现途径而言，反规划是通过景观安全格局途径判别和建立生态基础设施（ecological infrastructure），并将其作为城市建设用地规划的刚性框架，以维护土地生态过程和土地生态服务功能的健全（黎藜，2011）。生态基础设施从本质上说是一种空间结构，不仅包括自然生态系统，还可以扩展到以自然为背景的文化遗产网络（刘海龙 等，2005）。反规划理论秉承规划的要意不仅在规划建造的部分，更要千方百计保护好留空的非建设用地，创新性地提出景观安全格局分析方法，对土地利用优化布局、恢复和重塑城市景观生态系统具有较强的实践意义。

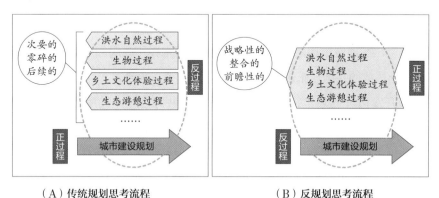

（A）传统规划思考流程　　　　　（B）反规划思考流程

图2-1　传统规划与反规划思考流程对比图

资料来源：俞孔坚 等，2005。

2.2.3 城市开发边界管控理论

城市开发边界，也称为城市增长边界（urban growth boundary），是针对城市蔓延问题的产生而提出的地理空间概念（王晨 等，2014）。早期的研究和实践主要集中在美国基于"新城市主义"与"精明增长"理念，努力控制城市蔓延趋势，确保城市用地扩张避开需要保护的区域。我国城市开发边界的研究和实践尚处于起步阶段，《城市规划编制办法》（2006年版）中将城市开发边界作为城市扩张管控工具，要求中心城区规划要划定"四区"，制定相应的空间管制措施。2013年中央城镇化工作会议以来，划定城市开发边界的命题逐渐成为规划工作者讨论的热点问题。

城市开发边界是根据地形地貌、环境容量、生态系统安全和基本农田保护等要素划定的可进行城市开发和禁止进行城市开发的空间界限，实质上就是城市建设用地与非建设用地的分界线，也是某一时期允许城市建设用地进行空间拓展的最大边界。它既可以是有意识地保护城市所处区域内的自然资源和生态环境而控制城市发展的"刚性"边界，也可以是合理引导城市土地的开发与再开发而引导城市增长的"弹性"边界。划定城市开发边界不是限制城市发展，而是对发展过程和扩张范围进行管理，通过将城市扩张限制在一个明确界定的、空间上相连接的地域内，在抑制城市无序延伸的同时满足城市发展的需要（冯科 等，2008）。目前，通过控制城市非建设用地的划分与强制性保护，合理控制规划期内土地开发总量和质量，实现城市用地内部挖潜，是我国学术界和政府部门对遏制城市无序扩张和蔓延达成的共识（张永刚，1999；冯雨峰 等，2003）。

城市开发边界的划定往往需要多个部门的共同合作，其中土地利用规划在调控城市扩张方面具有关键性意义，既要考虑人口、产业及重大建设项目对土地利用的发展性要求，又要兼顾城市资源环境对土地利用的保护性需求（蒋芳 等，2007）。由于土地利用规划的协调功能未充分发挥，规划部门与国土部门之间的规划衔接存在较大问题，削弱了规划体系的整体功能，因此，有必要加强各部门之间的合作，以多规合一为平台，通过城市开发边界管控来加强国土空间管理，以达到控制城市扩张规模、提高城市用地集约利用率、保护基本农田、健全生态系统功能等目标。

2.3 城镇空间结构理论与方法

2.3.1 城市空间结构理论

空间结构理论发轫于古典区位论，是研究一定地域范围内各种社会经济活动及其要素分布在空间上的位置关系、组合特征、相互作用及演变规律的理论。任何一个城市在不同发展阶段都会呈现出不同的空间结构，并通过空间投影与城市土地利用紧密相连。完善、协调的城市空间结构对城市社会经济发展与土地利用优化配置均具有重要意义。本书所指的城市空间结构是在行政地理区划设定的城市空间范围内，城市中各类物质要素的空间位置关系及其变化特征。城市空间结构是建立在特定的社会经济活动基础上的城市功能区空间分化；城市内部承担不同社会经济功能的城镇地域相互联系、相互作用，就构成了城镇体系地域空间结构。城市空间结构包括形式和过程两个部分：城市空间结构形式是指不同发展阶段城市内部各要素（如土地利用、社会经济活动、公众机构等）在空间上的规模、形态与集聚特征；城市空间结构过程是指城市各要素之间的相互作用（Bourne，1982；周一星 等，2003）。城市空间结构理论与地理学和社会学的有机结合，为研究土地利用结构以及社会经济活动对城市空间结构的影响等提供了有效的技术和方法。

2.3.2 城市空间分布形态分析

各国各地区的城市空间分布特征虽然千差万别，但它们的形成与发展机制仍有一定的规律可循，最早可追溯到城市内部空间结构最典型的三种模式（见图2-2)，包括伯吉斯（Burgess）引用社会生态学的侵食和演替概念解释城市空间形态的同心圆模式（the concentric zone model；Burgess，1925)、霍伊特（Hoyt）提出的社会经济特征相似家庭积聚形成的扇形模式（the sector model；Hoyt，1939）以及哈里斯（Harris）和厄尔曼（Ullman）提出的城市土地利用围绕若干核心进行空间分布的多核心模式（the multiple nuclei model；Harris et al.，1945)。之后，不同国家的学者对这三大经典城市空间布局模式进行了修改和发展。如1947年迪肯森通过对欧洲各大城市的考察，提出城市在地域上由中心地带、中间地带和外缘地

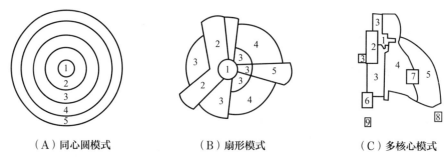

（A）同心圆模式　　　　（B）扇形模式　　　　（C）多核心模式

图2-2　城市内部空间结构最典型的三种模式

注：（A）1.中心商业区；2.过渡带；3.工人住宅区；4.中等住宅区；5.高等住宅区（通勤带）。（B）1.中心商业区；2.批发和轻工业区；3.低收入住宅区；4.中收入住宅区；5.高收入住宅区。（C）1.中心商业区；2.批发与轻工业区；3.低收入住宅区；4.中收入住宅区；5.高收入住宅区；6.重工业区；7.公共设施；8.郊外住宅区；9.郊外工业区。

带（郊区）组成的"三地带"学说；1954年埃里克将城市土地类型简化为商业、工业和住宅三大类，认为市中心的商业区呈放射状向外伸展，外侧为大工业用地，中间为住宅用地区。

从20世纪70年代开始，城市内部空间结构的形态研究一般采用多变量统计方法，特别是主成分分析法来解析城市空间分异的规律（唐子来，1997）。城市土地利用是城市社会经济活动在空间区位上博弈的结果（刘贤腾 等，2008）。随着GIS技术的广泛应用，空间分析技术为城市用地布局所映射出来的城市空间结构形态能够更加直观、科学地得以呈现创造了有利条件。

2.3.3　城市空间扩张模式分析

20世纪二三十年代的学者们主要立足于城市空间分布的宏观规律，对城市空间结构特征进行概括，在微观层面，学者们越来越重视城市内部土地扩张模式的研究，如克拉克（Clarke）等将城市扩张类型概括为自发式、新中心式、边缘式和道路影响式四种模式（Clarke et al.，1997）；威尔逊（Wilson）等从景观学角度，提出城市用地扩张的填充式、外延式以及分别以孤立形态、线状形态和组团形态存在的边远式等模式（Wilson et al.，2003）。我国学者通过对不同城市用地扩张形态的研究，提出了以主城区为核心由内向外呈同心圆的圈层扩展模式、以自然地物或交通干线形成的带状扩张模式、城市外围功能区围绕核心区不均等连片的星状扩张模式、人为计划成组成团向外扩散的散珠状扩张模式以及复合型扩张模式等；在城市外延扩张中，有研究表明存在边缘连续式、近郊跳跃式和远郊跳跃式等空间增长模式（朱孟珏 等，2013）。

在城市扩张模式的定量分析研究中，比较普遍的方法是从拓扑学的角度，结合ArcGIS 空间分析、景观指数分析等方法对城市扩张模式进行探讨。通常将城镇扩张类型分为蔓延型、填充型和跳跃型三种（见图2-3），其中蔓延型扩张是指顺延城镇用地周边进行扩充；填充型扩张是指在已有的城镇用地中间进行空白区域填充；跳跃式扩张则指与已有城镇用地没有空间连接的城镇建设增长。目前，不同扩张模式的判断方法主要包括景观扩张指数分析法（刘小平 等，2009；Liu et al., 2014）、移动窗口法（Wilson et al., 2003；张金兰 等，2010）、空间拓扑分析、空间叠置分析以及目视判别（岳文泽 等，2013）等。

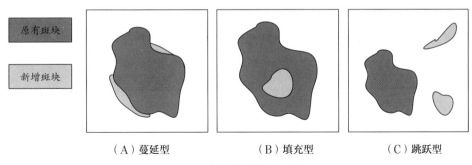

（A）蔓延型　　　　　　（B）填充型　　　　　　（C）跳跃型

图2-3　城市扩张模型示意图

2.3.4　城镇空间相互作用分析

城镇空间相互作用理论是城市地理学的重要基础理论。空间上彼此分离的城镇，正是由于空间上的相互作用，才能形成具有一定结构和功能的城镇体系。对于不同的城市社会经济活动要素而言，空间相互作用的内容和形式各有差异。在地域空间上，空间相互作用综合表现为地理实体作用空间的分割（闫卫阳 等，2009）。空间相互作用具有随距离的增加而不断衰减的规律。基于此，研究者们通过牛顿万有引力公式推导出不同的空间相互作用模型，如赖利 - 康弗斯模型、引力模型、潜力模型和场强模型等，模型中空间的相互作用可以表达为作用量，也可以描述为吸引范围。

2.4 景观生态学原理与方法

2.4.1 景观生态学原理

景观生态学（landscape ecology）是地理学、生态学、环境科学以及系统论、控制论等多学科交叉、渗透而形成的一门综合性学科，是研究景观单元类型组成、空间配置及其与生态学过程相互作用的新兴学科，其理论核心是景观的空间格局、生态学过程和时空尺度研究（傅伯杰 等，2011）。景观是多个相互作用的生态系统所构成的、异质的土地嵌合体（Forman et al.，1986；Forman，1995）。土地利用和景观可谓同一事物的不同侧面（宋治清 等，2004），土地利用直接反映景观格局及其效应，而土地利用变化又必然导致景观类型的转化、景观形态演变及景观在空间上的拓展。将土地利用变化研究与土地景观格局研究相结合，有利于理解和把握土地利用景观格局特征，明确土地利用景观格局与土地生态系统功能之间的相互关系（陈文波 等，2007）。城镇扩张是现代社会人类活动作用于土地景观最集中的体现，一方面使得人类成为城市景观中主要的生态组合因素，大量的人工景观代替了原有的地表形态和自然景观；另一方面促使城镇周边的土地利用方式发生剧烈变化，影响到景观异质性和生物多样性等特征。城市扩张主要源自人类活动对用地类型的改变，运用景观生态学原理与方法对城镇建设用地景观格局及其演变特征进行分析，有利于深入探讨影响城镇建设用地变化的人文驱动因素，为城市规划、城镇体系规划和土地利用规划等提供依据，促进城市社会经济的协调与可持续发展。目前，景观生态学原理及相关分析方法在城镇扩张以及城镇土地利用研究中业已得到广泛应用。

2.4.2 景观指数分析方法

景观指数分析是景观格局分析的常用方法,它运用景观指数描述景观格局,不但可以使空间数据获得一定的统计性质,而且可针对不同空间尺度上的景观格局特征进行比较与分析,定量描述和监测景观空间结构在时间维度上的变化(郑新奇 等,2010)。景观格局是景观异质性在空间上的综合表现,是人类活动和环境干扰促动下的结果,同时又能反映一定社会形态下的人类活动和经济发展状况(唐秀美 等,2010;杨叶涛 等,2010);人口增加、社会重大变革或国家政策变化都会在景观格局上表现出来。因此景观指数分析可为判定人类对景观格局的干扰或优化调控程度提供技术支持,进而为景观格局的优化和演进提供技术支持。

然而,景观指数分析也有其局限性。一方面,越来越复杂的、基于单纯数理统计或拓扑计算公式所生成的各类景观指数经演算后的数据不能完全揭示真实景观的结构组成及其空间形态和功能特征。林孟龙等(2008)就指出景观指数仅能从几何特性上解释景观在斑块与景观尺度上的空间特征,而无法解释从航片所观察到的景观结构与功能特性。因此对景观指数和研究区航片或土地利用调查数据进行综合分析,可更加详细地揭示土地利用景观结构及其对应的景观功能,使针对景观格局的分析更加完整。另一方面,大部分指数之间存在信息重复或较强的相关性(Tischendorf,2001;Seto et al.,2005;Xu et al.,2010),因此,在选择景观指数时应结合研究问题的实际需要、指数的生态意义以及景观分类系统等进行综合考察。

按测度尺度来划分,景观指数可以划分为斑块尺度、斑块类型尺度和景观尺度三个层次。按测度内容来分,景观指数则包括面积、形状、密度、对比度、离散度、连通度、多样性等指标。不同层次、不同内容的景观指数对应不同的指示意义、计算公式,本节仅列举常用景观指数的公式、参数说明与指示意义(详见表2-1)。

近年来,随着 RS、GIS 和计算机技术的发展,用以分析与模拟景观格局的景观指数越来越多,应用软件也日趋成熟和完善,如 Fragstats、Apack、Patch Analyst 等(宋冬梅 等,2003;曹宇 等,2004),其中由美国俄勒冈州立大学森林科学系开发的地图空间模式分析程序 Fragstats 是目前国际上通用的景观格局分析软件。

表2-1 常用景观指数的公式、参数说明与指示意义

指数名称		公式与释义
丛聚指数	公式	$CLUMRY = \begin{bmatrix} \dfrac{G_i - p_i}{p_i}(G_i < p_i 且 p_i < 0.5) \\ \dfrac{G_i - p_i}{1 - p_i} \end{bmatrix}$，取值范围 $[-1, 1]$
	参数说明	G_i 为斑块类型 i 的相似邻接比例，p_i 为斑块类型 i 占景观的比例
	指示意义	当斑块最大限度地分散时，值等于 -1；当斑块随机分布时，值等于0；当斑块聚集程度不断提高时，值接近1
斑块内聚力指数	公式	$COHESION = \left[1 - \dfrac{\sum P_i}{\sum P_i \sqrt{a_i}}\right] \cdot \left[1 - \dfrac{1}{\sqrt{A}}\right]^{-1} \times 100$，取值范围 $[0, 100)$
	参数说明	A 为景观中栅格总数；P_i 为区域内每种斑块类型的每个斑块周长；a_i 是指区域内每种斑块类型的每个斑块面积
	指示意义	度量相关斑块类型的自然连通度，斑块类型在分布上越来越聚集，自然连通度越高，斑块内聚力指数就会越高
景观分离度	公式	$DIVISION = 1 - \sum\sum\left(\dfrac{a_{ij}}{A}\right)^2$，取值范围 $[0, 1)$
	参数说明	a_{ij} 为斑块 ij 的面积，A 为整个景观的面积
	指示意义	当景观只有一个斑块时，值为0；当景观最大限度细化时（每个栅格都是一个独立的斑块），值趋近1
景观蔓延度	公式	$CONTAG \geqslant \left\{1 + \dfrac{\sum\sum\left[p_i\left(\dfrac{g_{ik}}{\sum g_{ik}}\right)\right]\left[\ln p_i\left(\dfrac{g_{ik}}{\sum g_{ik}}\right)\right]}{2\ln m}\right\} \times 100$，取值范围 $[0, 100)$
	参数说明	p_i 为景观中斑块类型 i 的面积比重；m 为景观中斑块类型数；g_{ik} 为基于双倍法的斑块类型 i 和斑块类型 k 之间的结点数
	指示意义	当斑块类型最大限度破碎化和间断分布时，指标值趋近于0；当斑块类型最大限度地集聚在一起时，指标值达到100
景观多样性	公式	$SHDI = -\sum(P_i \times \ln P_i)$，取值范围 $[0, +\infty)$
	参数说明	p_i 为景观中斑块类型 i 的面积比重
	指示意义	反映斑块类型数的增加以及它们面积比重的均衡化，值越大，面积比重越均衡

2.4.3 源汇景观分析原理

景观格局指数分析能有效解析静态的景观结构与形态，但往往无法真正反映景观格局的动态过程。源汇景观理论与方法基于大气污染研究中的"源""汇"概念而提出，能将景观格局与过程研究有机结合，通过分析源汇景观在空间上的平衡，来探讨有利于调控生态过程的途径和方法，为景观格局和生态过程的定量分析提供有益的科学支持（陈利顶 等，2006）。"源"和"汇"本意是指某种过程产生和消亡的地方。在景观格局与过程的关系研究中，"源"是指能促进生态过程发展的景观类型，"汇"则指阻止或延缓生态过程发展的景观类型。判断景观类型是源还是汇，关键在于其对所研究过程的作用是正向的还是负向的，源景观对于生态过程起到正向的推动作用，而汇则起到负向的阻滞作用。

源景观与汇景观是一组相对的概念，在具体应用中，如何识别源景观和汇景观，应该结合具体的生态过程进行分析（陈利顶 等，2003）。如对于生物多样性保护而言，能为目标物种提供满足种群栖息、生存需要及利于物种扩散的斑块即为源景观，不利于物种生存、栖息和扩散的斑块则为汇景观。对于城镇扩张而言，城镇建设用地即为扩张源，而对城镇扩张具有约束性的自然生态环境即为汇。对于不同类型的源景观或汇景观，在研究格局对过程的影响时，需要考虑其作用大小，即对生态过程的不同贡献。具有不同作用力的源汇景观在生态过程中对空间的相互争夺与阻滞，势必改变它们在空间上的平衡，从而形成景观格局上的动态变化。物种迁徙、水土流失等生态过程均须克服不同阈值的地形、地貌、土地利用类型等景观阻力，才能实现在空间上的扩散和覆盖（赵筱青 等，2009）。目前，学者们通常运用最小累积阻力（Minimum Cumulative Resistance，MCR）模型来对景观生态过程进行分析和模拟。

最小累积阻力是指源景观经过不同阻力的景观阻抗到达目的地（汇）所消耗的费用或克服阻力所做的功，反映了一种潜在可达性（钟式玉 等，2012）。建立最小累积阻力模型需要考虑3个核心要素，即源、距离和景观介质特征，其中最关键的过程在于确定源和阻力系数（Adriaensen et al.，2003）。最小累计阻力面模型构建原理为：假设空间中每一个位置的阻力点构成一个阻力面，则阻力面的累计值反映的是某一生态过程从源到空间中某一点的难易程度。最小累积阻力值的计算公式（Knaapen et al.，1992；俞孔坚 等，2005）如下：

$$MCR = f\min\left(\sum D_{ij} \times R_i\right) \qquad （2-1）$$

式中，f 表示函数关系，描述空间中任一点的最小累计阻力与生态过程的正相关性；D_{ij} 表示某生态过程从景观源 j 经过景观基面要素 i 到达目的点的空间距离；R_i 表示景观要素 i 对该生态过程的阻力系数。基于最小累计阻力面的计算公式，在确定源景观和阻力面的情况下，运用 ArcGIS 中的成本距离分析工具即可计算最小累计阻力面，进而为景观生态过程模拟、生态安全格局构建以及土地利用空间格局优化等提供依据。

2.4.4　生态安全格局分析

生态安全格局（Ecological Security Pattern，ESP）是实现区域或城市生态安全的重要途径和基本保障（肖笃宁 等，2002；陈星 等，2005）。构建合理的生态安全格局是优化国土空间开发格局、强化区域生态安全保障和管理的有效方法。要构建合理的生态安全格局，首先必须对区域或城市的景观格局与生态过程关系有充分的了解和把握。生态安全格局分析是以景观生态学理论和方法为基础，通过分析和模拟城市扩张、水文变化、物种水平运动、灾害扩散等景观过程，来识别与这些过程密切相关的关键景观元素、空间位置与空间关系，进而通过确定自然生态过程的一些阈值和安全层次，来判定维护和控制生态过程的关键性时空量序格局（俞孔坚，1999；黎晓亚 等，2004）。

生态安全格局分析方法不仅将生态敏感性和生态系统服务重要性分析等技术纳入其中，而且将景观规划框架与生态基础设施理论、景观安全格局途径相结合（俞孔坚 等，2009），形成了操作性较强的生态安全格局研究框架。生态安全格局分析在城市生态安全格局研究中也有较为普遍的应用，快速城市化地区的生态安全格局构建已成为地理学、生态学和城市规划领域共同关注的热点。生态安全格局的判定要求针对每个生态过程进行景观安全格局分析，其具体技术路线为：

（1）根据景观的空间分布数据和适宜性分析确定具体生态过程的源；

（2）通过分析和模拟具体景观过程，判别对这些过程的健康和安全具有关键意义的缓冲区、源间连接、辐射道和战略点等景观格局，依据不同格局的拐点划分不同生态安全水平；

（3）针对某一生态过程和安全格局的具体要求，提出空间格局和土地利用优化配置的调控对策。

2.5　复杂空间决策理论与方法

2.5.1　复杂性科学理论

复杂性科学是系统科学和非线性科学的进一步发展、充实和深化，是系统科学研究的最新前沿领域（梁勤欧，2003）。对复杂现象和复杂过程研究提出的复杂性科学及其方法论，已在众多领域得到广泛应用。土地利用变化系统就是一个复杂系统，它既有功能复杂性，又有结构复杂性（蔡运龙，2001）。其复杂性具体表现在（蔡运龙，2001）：

（1）土地利用变化是一个多因素共同驱动的复杂系统。土地利用变化的驱动因素和驱动机制研究涉及大量自然、社会、经济数据，由于这些数据量大，统计口径因时、因地而异，时间上也可能不连续。如何采集、处理、匹配、完善这些数据，并解决其有效性、连续性和可比性问题，对土地利用／覆被变化研究是一个巨大的挑战。

（2）土地利用变化系统的各构成要素之间存在着极为复杂的相互作用，这种作用大多是非线性的，且不只是存在于同一层次的因素之间，还存在于上下层之间，在作用方向上形成一个极为复杂的反馈网络。

（3）土地利用变化受地域差异性约束，故不同区域的土地利用变化在驱动因素构成、变化规律和速率上存在明显的差别，必然要求对不同区域进行案例研究；同时，土地利用驱动要素在不同时期的影响不同，则会导致对其未来变化的预测难度增加。

（4）土地利用变化是一个多层次结构系统，突出表现了空间尺度的多级性。此外，不同尺度的土地利用变化需要考虑的影响因素、驱动机制以及研究方法、技术手段也会有所不同。

城乡建设用地变化及与其相互作用的自然、人口、社会、经济、政策因素共同构成复杂的"社会 - 经济 - 生态"系统。城乡建设用地变化研究既要考虑城乡系统要素之间的关系与互动，又要考虑城乡建设用地与其他土地利用类型数量上的相互关系，还要考察不同时段、不同区域、不同尺度城乡建设用地变化的特征与驱动要素，才能为城乡建设用地结构优化与空间配置的理论研究和区域实践提供科学的参考。复杂性科学不仅为基于城乡一体化视角的城乡建设用地研究提供了内容与框架，而且其提倡的定性与定量相结合、微观研究与宏观研究相结合的理念也为相关研究提供了方法论指导。

2.5.2 元胞自动机原理

元胞自动机，也被称为细胞自动机、点格自动机、分子自动机或单元自动机等，是在一个由散布在规则格网中的、取有限离散状态的元胞组成的空间中，每一元胞依据确定的局部规则作同步更新的动力学系统。元胞自动机与一般的由严格定义的物理方程或函数确定的动力学模型不同，它由一系列模型构造的规则组成。确切地说，元胞自动机是一个方法框架。在众多探索复杂性的方法和工具中，元胞自动机因其组成单元的简单局部规则性、信息处理的高度并行性等特点而备受关注，被广泛应用到社会、经济和自然科学研究的各个领域，其中在地理学中的应用主要表现为模拟和预测复杂地理过程，常用于自组织系统演变过程研究（黎夏 等，2007）。城市扩张具有自组织和复杂性特征，元胞自动机通过将城市地理空间划分成若干自主运行的元胞，采用历史变化样本挖掘合适的参数，给每一个元胞赋予一定状态变化的规则，进而促成每个元胞遵循规则在时空中自主演化，完成对城市扩张的动态模拟（马世发 等，2015）。

元胞、元胞状态、邻域和转换规则是构成元胞自动机的四个组成部分。标准的元胞自动机可表示为如下形式（Amoroso et al.，1972）：

$$A = (L, d, S, N, F) \tag{2-2}$$

式中，A 代表元胞自动机；L 表示元胞空间；d 表示元胞空间的维数；S 表示元胞有限的、离散的状态集合；N 表示元胞邻域；F 表示局部转换规则。

元胞是构成元胞自动机的最基本单元，元胞分布的空间网点集合即为元胞空间。元胞状态体现了特定研究目的下元胞的本质属性。通常一个元胞在某一时刻只有一种状态，且该状态取自一个有限集合，如 $\{0, 1\}$ 或 $\{a_0, a_1, a_2, \cdots, a_i, \cdots, a_n\}$。理论上，元胞空间可以是基于不同维数的规则空间划分，其中一维元胞自动机中所有元胞水平排列呈直线，最为普遍的二维元胞自动机则可按三角形、四边形或六边形等网格规则排列。

在空间上与元胞相邻的细胞被称为邻元，所有邻元组成的区域即为邻域。在一维元胞自动机中，通常以半径 r 来确定邻域，距离某个元胞 r 内的所有元胞均被视为该元胞的邻域；在二维元胞自动机中则通常以冯·诺依曼（Vov Neuman）型、摩尔（Moore）型（见图2-4）来定义邻域（陈国宏 等，2007）。相对于以直线路径确定邻域的冯·诺依曼型而言，摩尔型邻域可以通过直线或对角线来确定，传播速度较快，作用距离也较大（孔雪松，2011）。

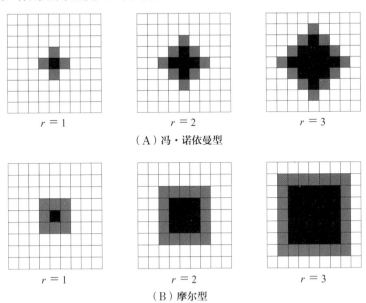

$r = 1$ $r = 2$ $r = 3$

（A）冯·诺依曼型

$r = 1$ $r = 2$ $r = 3$

（B）摩尔型

图2-4 二维元胞自动机邻域类型

转换规则是指元胞状态更新的局部性规则，是元胞自动机方法论的核心。一

个元胞在 $t+1$ 时刻的状态 S_i^{t+1} 由本身及其周围半径为 r 的邻域中的元胞在当前时刻 t 的状态 S_i^t 决定，用数学表达式可以表示为：

$$S_i^{t+1} = f\left(S_i^t, S_N^t\right) \tag{2-3}$$

式中，S_N^t 为 t 时刻邻域状态的组合。元胞自动机模型是否成功，很大程度上取决于转换规则的设计能否真实地反映事物间发生变化的内在规律性，因此，转换规则的提取，特别是转换规则的结构与参数定义，是整个模型的核心任务。

2.6 本章小结

本章主要是对城镇体系规划相关概念和城市扩张测度与模拟研究中的理论基础和方法原理进行系统论述。首先对城镇体系及其结构组成、城镇体系规划与土地利用规划、城市规划的关系以及我国现有的城镇体系结构特征进行论述，这是本次研究出发点的概念基础。其次对土地利用规划相关理论、城市空间结构理论与方法、景观生态学原理与方法、复杂空间决策理论与元胞自动机模型进行概述，为本次研究的主要内容和技术方法奠定坚实基础。

第3章　基于多维度－多尺度测度的城市扩张特征分析

城市扩张主要体现为城镇建设用地在一定时空条件下的扩展和演变。城镇建设用地是指为城市居民生产和生活服务提供的建设用地，包括居住用地、工业用地、仓储用地，还包括各类道路广场用地、对外交通用地、市政公用设施用地、绿地公共设施用地等。城市建设用地的开发与利用是人类经济发展到一定阶段的产物，本质是人类交易中心和聚集中心的空间投影，承载着人类走向成熟和文明的印记，标志着人类群居生活高级形式的形成。近200年来，世界城市化步伐加快，经济全球化更使各国城市以前所未有的规模和速度发展。城市扩张带来的各种问题集中表现为城市建设用地与城市其他土地类型之间的资源竞争，如何高效地、节约地利用城镇建设用地成为各国政府和学者共同思考的问题。对一定区域内不同阶段城市扩张的时空变化特征进行系统、全面分析，把握区域城市扩张特征与规律，不仅是区域土地利用变化研究的基础内容，而且能为区域土地利用规划和城市规划的制定提供科学依据。

3.1　传统城市扩张测度指标体系

3.1.1　城市扩张数量结构测度指标

1. 城市扩张规模

城市扩张规模即指区域城镇建设用地总面积及其在区域土地总面积中所占比例，是反映不同时期城市扩张特征的基本指标。城镇建设用地总面积作为一个绝对数，其变化值对于衡量不同阶段城市扩张程度有根本意义，城镇建设用地比例作为一个相对数，则能有效反映不同地域空间城市扩张程度的差异。同时，城镇建设用地面积及比例也是衡量城镇建设用地在区域土地利用中优势度的重要指标。

2. 城市扩张结构比

城市扩张结构比主要是指城镇建设用地内部不同地类的用地比。综合我国历次土地利用分类划分与界定，本书将城镇建设用地的类型确定为城市用地、建制镇用地和工矿用地。不同城镇建设用地类型比例的变化能反映不同阶段城镇用地内部的结构调整。如工矿用地比例的变化，在某种程度上反映了城市化中工矿用地整顿与治理力度的强弱。因此，对城镇建设用地内部结构及其变化的测度，也是揭示城市扩张特征与规律的重要方面。

3. 城市扩张速率

城市扩张速率通过城镇建设用地动态度来衡量，可直观反映不同研究时段城市扩张的幅度与快慢。城镇建设用地动态度的表达式（王秀兰 等，1999）为：

$$Z = \frac{U_b - U_a}{U_a} \times \frac{1}{T} \times 100 \qquad （3\text{-}1）$$

式中，Z 为研究区城镇建设用地动态度；U_a、U_b 分别为研究期初和期末城镇建设用地面积；T 为研究时段，当 T 设定为年时，模型结果表示研究区城市扩张的年均速率。

4. 城市扩张强度

城市扩张强度是指研究期内城镇建设用地扩张面积占研究区土地总面积的比例。为比较不同阶段城市扩张的强弱程度，可计算其年均扩张强度，也可对研究区内不同空间单元城市扩张强度进行比较。年均城市扩张强度 S 的表达式（刘盛和 等，2000）为：

$$S = \frac{U_b - U_a}{C} \times \frac{1}{T} \times 100 \qquad （3\text{-}2）$$

式中，U_a、U_b 分别为研究区或空间单元城镇建设用地研究期初和期末的面积；C 为研究区土地总面积；T 为研究时段，单位为年。

5. 城市扩张占地率

城市扩张占地率是衡量不同时段城镇建设用地增长对其他土地利用类型的占用比率的指标，可直观反映不同时段城市扩张对其他用地类型变化的影响，特别是对城镇建设用地占用耕地或生态用地进行监测。相关数据可根据土地利用转移矩阵计算获取（详见3.3.1）。

6. 土地城镇化率

土地城镇化有广义和狭义之分：广义的土地城镇化是指农用地向非农用地的转变；狭义的则指农村建设用地向城镇建设用地的转变（李昕 等，2012）。本书取狭义的土地城镇化概念，则土地城镇化率是指城镇建设用地面积在城乡建设用地中所占比重，它是衡量城乡建设用地结构的重要指标。通过对土地城镇化率与人口城镇化率的耦合关系进行分析，则可判别城乡建设用地结构的合理与否（刘耀林 等，2014）。

3.1.2 城市扩张形态格局测度指标

1. 城镇建设用地斑块密度

景观斑块密度是反映景观空间异质性的指数，在景观尺度上表示所有景观斑块的数量与区域总面积的比例，在斑块尺度上则表示某一类型景观斑块的数量与区域总面积的比例。城镇建设用地斑块密度 PD 的计算公式可表示为：

$$PD = \frac{n}{A} \tag{3-3}$$

式中，n 为区域内城镇建设用地斑块的数量；A 为区域土地面积。$PD > 0$ 且无上限，取值越大说明城镇建设用地斑块的空间异质性越大，空间结构越复杂。

2. 城镇建设用地优势度

城镇建设用地优势度可以用来分析不同类型用地斑块在区域内生态性过程中的比较优势，通常用最大斑块指数（LPI）来衡量。城镇建设用地最大斑块指数计算公式可表示为：

$$LPI = \frac{\max\left(a_1, a_2, \cdots, a_n\right)}{A} \tag{3-4}$$

式中，a_1，a_2，$\cdots$，a_n 为区域内各个城镇建设用地斑块面积；A 为区域土地面积；LPI 取值范围为 $[0, 1]$，值越大，表示城镇建设用地最大斑块面积越大，优势度越高。该指标值的变化也能从侧面反映出城市扩张对生态的干扰强度和方向，也可比较不同区域之间城镇用地扩张的强度和趋势。

3. 城镇建设用地斑块形状

景观斑块形状和大小及其相互关系将会对一系列生态学过程产生重要影响。斑块形状指数可用来描述斑块形状空间分布状况的复杂性。本书主要选取斑块形状指数（LSI）和周长面积分维数（$PAFRAC$）两个指标对城镇建设用地斑块形状进行分析。斑块形状指数的计算公式为：

$$LSI = \frac{e}{\min e} \tag{3-5}$$

式中，e 为城镇建设用地斑块的边缘总长度或周长；$\min e$ 为 e 的最小可能值，只有在城镇建设用地最大限度聚集在一起时才能取得。LSI 取值范围为 $[1, +\infty)$，等于1则表示区域内城镇建设用地斑块只有一个，且为正方形或接近正方形，取值越大说明斑块越离散，且形状不规则性越强。周长面积分维数的计算公式为：

$$PAFRAC = \frac{2}{\dfrac{\left[n_i \sum (\ln p_i \times \ln a_i)\right] - \left[\left(\sum \ln p_i\right) \times \left(\sum \ln a_i\right)\right]}{\left(n \sum \ln p_i^2\right) - \left(\sum \ln p_i\right)^2}} \tag{3-6}$$

式中，p_i 为区域内城镇建设用地斑块 i 的周长；a_i 为区域内城镇建设用地斑块 i 的面积；$PAFRAC$ 取值范围为 $[1, 2]$，取值越接近1，斑块形状越趋于规则性的方形；越接近2，则斑块形状复杂性越强。

4. 城镇建设用地斑块蔓延度

蔓延度是指景观斑块类型在空间分布上的集聚趋势，也能反映不同类型斑块之间的邻接状况。对于城市扩张而言，蔓延度指数能反映城镇建设用地在空间分布上的紧凑度及其与其他斑块的混杂状态。本书选取集聚度（AI）和散步分列指数（IJI）来衡量城镇建设用地斑块蔓延度。城镇建设用地斑块集聚度 AI 的计算公式为：

$$AI = \frac{N}{\max N} \times 100 \qquad (3\text{-}7)$$

式中，N 为基于单倍法计算的各城镇建设用地斑块像元之间的结点数；$\max N$ 为斑块像元之间的最大结点数。AI 取值范围是 $[0, 100]$。AI 等于0，表示城镇建设用地斑块的破碎化程度最大；AI 等于100，则城镇建设用地斑块集聚程度最高。散布与并列指数计算公式为：

$$IJI = \frac{-\sum_{k=1}^{m}\left[\left(\dfrac{e_k}{\sum_{k=1}^{m}e_k}\right)\ln\left(\dfrac{e_k}{\sum_{k=1}^{m}e_k}\right)\right]}{\ln(m-1)} \times 100 \qquad (3\text{-}8)$$

式中，e_k 为城镇建设用地斑块与 k 类用地斑块之间的边缘总长度；m 为景观中斑块类型数。IJI 取值范围为 $(1, 100)$。若 IJI 等于1，则表示城镇建设用地只与某一类型其他用地相邻；若 IJI 等于100，则表示与城镇建设用地相邻的其他类型用地数量最多，一定程度上也反映出城市扩张的趋势和影响。

5. 城市扩张模式指数

城市扩张模式指数是对不同城市扩张模式在区域内空间分布特征的衡量。它可通过城市扩张类型指数，即研究期内以不同模式发生扩张的城镇建设用地面积占所有城镇扩张面积的比例来分析。结合相关研究成果，本书将城镇扩张类型分为蔓延型、填充型和跳跃型，运用景观扩张指数分析法对不同扩张模式下的城镇建设用地进行统计。不同时期或不同空间单元的城镇建设用地扩展类型指数可用于分析城镇扩张模式的时空差异。

3.2　面向城镇体系的城市扩张测度指标体系

3.2.1　城镇建设用地相对变化率

城镇建设用地相对变化率建立在动态变化率基础上，通过将研究区内某一空间单元城镇建设用地动态度与全域动态度相比较，来分析研究区内城市扩张的区域差异与热点区域（朱会义 等，2001）。城镇建设用地相对变化率的表达式如下：

$$R=\frac{|U_b-U_a|\times C_a}{U_a\times|C_b-C_a|}$$ （3-9）

式中，U_a、U_b 分别表示空间单元城镇建设用地研究期初和期末的面积；C_a、C_b 分别表示研究区全域城镇建设用地研究期初和期末的面积。$R>1$，则表示该空间单元城市扩张速度较全域快。绝对值的使用是由于相对变化率主要考察局部空间单元城镇建设用地变化对全域的影响，因此可不考虑增减变化方向。

3.2.2　城市扩张空间均衡度

城市扩张空间均衡度主要衡量城市内部不同空间单元城市扩张的空间分布是否按照一定等级顺序进行分布以及具体的分布特征。借鉴相关研究成果（Schweitzer et al.，1998；谈明洪 等，2003；李平星 等，2014），本书采用位序规模法则来对不同空间单元的城市扩张空间均衡度进行测度。位序与规模的关系表达式（李平星等，2014）如下：

$$U_i = U_0 \times r_i^{-q}$$ （3-10）

对等式两边取对数，则表达式变为：

$$\ln U_i = \ln U_0 - q \ln r_i$$ （3-11）

式中，U_i 表示空间单元 i 的城镇建设用地规模；r_i 表示空间单元 i 的用地规模在城市中的位序；U_0 表示首位城镇建设用地规模；q 为 Zipf 指数，通过线性拟合计算可得。一般而言，q 越大，城镇用地规模分布的不均衡性越大。$q>1$，表示用地规模较大的空间单元在城市中占优势。$0<q<1$，则表示各空间单元用地规模分布较为均匀，较低位次用地规模的空间单元较多，较高位次用地规模的空间单元不突出（李小建 等，2015）。

在此基础上，可结合位序 - 规模的分形维数来深入解释城镇建设用地空间分布的地理学意义。城镇建设用地分布的分形维数表达式（周晓艳 等，2015）为：

$$D=\frac{R^2}{q}$$ （3-12）

式中，D 为分维值；R^2 为线性拟合的判定系数。由公式可知 q 和 D 成反比。综合而言，若 q 和 D 同时趋近1，表示城镇建设用地规模接近于空间均衡分布的理想状态，各规模等级空间单元数量较合理；若 q 越大而 D 越小，表示城镇建设用地规模的空间不均衡性较大，规模较大的空间单元在城镇体系中占优势；若 q 越小而 D 越大，则表示用地规模分布较为均匀，且用地规模处于中、低位次的空间单元相对较多。

3.2.3　城市扩张空间差异度

受自然资源、区位优势、经济社会发展水平等条件的影响，一个城市的城镇体系中不同空间单元之间的城市扩张必然产生较大的分化和差距。基尼系数作为经济领域评价收入差距的参数，在城市规模差异度分析方面具有较大的应用价值（蒲英霞 等，2009；翟腾腾 等，2015），因此，本书借鉴基尼系数来衡量城市扩张空间差异度。基尼系数的计算方法较多，为简化计算过程，本书选取的基尼系数 g 计算公式（张虹鸥 等，2006）为：

$$g = \frac{T}{2S(n-1)} \qquad (3\text{-}13)$$

式中，n 表示城镇体系中空间单元的数量；T 表示各空间单元的城镇建设用地规模之差的绝对值总和；S 表示 n 个空间单元城镇建设用地规模的总和（王颖 等，2011）。城镇建设建设规模基尼系数实质是通过常数式基尼模型拟合求解而来。基尼系数 g 取值范围是 [0, 1]。g 越接近0，表示城镇体系中城镇建设用地规模差距越小；g 越接近1，表示城镇体系中城镇建设用地规模差距越大。

3.2.4　城市扩张空间关联度

城市扩张空间关联度可以揭示城市扩张在不同空间单元中的集聚程度和自组织性，本书采用 *Getis-Ord General G* 统计指数（马晓冬 等，2008；尹鹏 等，2015）来测度城市扩张的空间关联结构模式，通过比较不同时期该指数的变化，可测度城市内部不同空间单元城市扩张引起的空间集聚变化特征。对于城市内部 n 个空间单元，*Getis-Ord General G* 指数的计算公式如下：

$$G = \frac{\sum\limits_{i=1}^{n}\sum\limits_{j=1}^{n} w_{ij}(d) x_i x_j}{\sum\limits_{i=1}^{n}\sum\limits_{j=1}^{n} x_i x_j}, \quad i \neq j \tag{3-14}$$

式中，d 为空间单元 i 和 j 的中心点之间的距离；$w_{ij}(d)$ 是以距离 d 定义的空间权重；x_i 和 x_j 分别为空间单元 i 和 j 的城镇建设用地扩张观测值；n 为空间单元数。当满足空间不集聚的假设时，将 G 的期望值记为 $E(G)$，表达式如下：

$$E(G) = \frac{\sum\limits_{i=1}^{n}\sum\limits_{j=1}^{n} w_{ij}(d)}{n(n-1)} \tag{3-15}$$

当满足正态分布条件时，将 G 的统计检验值记为 $Z(G)$，表达式如下：

$$Z(G) = \frac{G - E(G)}{\sqrt{E(G^2) - E(G)^2}} \tag{3-16}$$

G 值高于 $E(G)$ 且 $Z(G)$ 值显著，表示城市内部各空间单元观测值具有明显的高值集聚特征；G 值低于 $E(G)$ 且 $Z(G)$ 值显著，则表示各空间单元观测值具有明显的低值集聚特征。

3.3 城市扩张空间分析方法

3.3.1 土地利用转移矩阵分析

土地利用转移矩阵源自系统分析中对系统状态与状态转移的定量描述（徐岚等，1993），可全面、具体地刻画区域土地利用变化的结构特征与各用地类型的变化方向。其数学表达式（朱会义 等，2003）为：

$$\boldsymbol{S}_{ij} = \begin{vmatrix} S_{11} & S_{12} & S_{13} & \cdots & S_{1n} \\ S_{21} & S_{22} & S_{23} & \cdots & S_{2n} \\ S_{31} & S_{32} & S_{33} & \cdots & S_{3n} \\ \vdots & \vdots & \vdots & & \vdots \\ S_{n1} & S_{n2} & S_{n3} & \cdots & S_{nn} \end{vmatrix} \tag{3-17}$$

式中，S 表示土地面积；n 表示土地利用类型数；i、j 分别表示研究期初和期末的土地利用类型。在具体应用中，可结合 Excel 工具将该矩阵用表格形式表示出来。土地利用转移矩阵将土地利用变化的类型转移面积按矩阵或表格的形式列出，便于了解研究期初各类型土地的流向以及研究期末各土地类型的来源与构成（刘瑞等，2010）。此外，利用土地类型转移矩阵还可生成区域土地利用变化的转移概率矩阵，推测特定情景下（如政策影响不变）区域土地利用变化的未来趋势。

3.3.2　景观扩张指数分析

对比各类城市扩张模式（类型）分析方法，本书选取方便易操作的景观扩张指数分析法对武汉市城市扩张模式进行判断和识别。景观扩张指数分析是基于最小包围盒进行的，即在城镇建设用地斑块的空间范围内，以覆盖一个斑块最小和最大坐标对的矩形，来定义新增城镇用地斑块的景观扩张指数，进而通过判断景观扩张指数阈值来识别城市扩张模式。依据两期或多期数据中原有的和新增的城镇用地斑块在不同扩张模式中的拓扑关系，刘小平等（2009）将新增城镇用地斑块的景观扩张指数表示为：

$$LEI = \frac{A_O}{A_E - A_P} \times 100 \tag{3-18}$$

式中，LEI 为新增斑块的景观扩张指数；A_E 为最小包围盒面积；A_O 为原有斑块面积；A_P 为新增斑块面积。LEI 取值范围为 [1, 100]。对于新增斑块是否为矩形，运用刘小平等提出的方法对景观扩张指数进行修正并对最小包围盒进行相应处理，再通过 ArcGIS 中的脚本开发工具 ArcPy 编程计算景观扩张指数。

3.3.3　分区位空间分析

目前，国内外学者普遍结合城市土地利用数据，运用缓冲区分析、象限分位技术等方法，结合景观指数分析软件，对城市扩张空间格局、城市扩张规模、城市扩张强度、城市扩张集聚程度进行分析，并在此基础上对城市扩张空间结构演变的内在机制进行讨论，其中：

（1）缓冲区分析是指在城市行政区划范围内，以城市中心为基点或以中心城区为基面，或者以城市道路、河流为基准向外设置一定间距的等距缓冲带，将各缓冲带与不同时期城市用地特征值（如规模、密度、强度等）分布图做空间叠加分析，最终获取城市用地形态及其扩张的空间分异图，为城市空间结构和形态的梯度特征分析提供依据。

（2）象限分位分析也是以城市中心为原点，利用GIS技术将城市按不同象限和方位分成若干象限区，通过空间叠加分析和统计功能计算不同象限区的城市用地特征值，为城市空间结构和形态特征值的方位特征提供依据。

分区位空间分析方法通过对城市扩张特征变量在空间上的规则性几何划分，有利于更直观地进行城市扩张特征变量分析，进而揭示用地变化的时空特征。由于实际城市扩张中的建设用地演变并非遵循规则的几何形态，因此，分区位空间分析方法主要用于揭示宏观或中观尺度上的城镇用地扩张规律。

3.3.4 空间自相关分析

空间自相关分析是地理统计学科中应用较为广泛的空间数据统计与分析方法，研究一定区域范围内各种地理数据与其空间位置相关性，即检验某一空间单元的属性值与其相邻空间单元属性值的关联程度。空间单元分布模式可以概括为三种，即集聚分布、分散分布和随机分布（见图3-1），运用空间自相关分析即可对空间单元属性数据在空间上的分布模式进行度量。空间自相关系数是用来度量空间变量在空间上的分布特征及其对邻域的影响程度的指标。若某一变量的值随着测定距离的缩小而变得更相似，则这一变量在空间上呈正相关（集聚分布）；若所测值随距离的缩小而更为不同，则称之为空间负相关（分散分布）；若所测值未表现任何空间依赖关系，那么这一变量表现出空间不相关，即随机分布（邬建国，2000；谢花林 等，2008）。

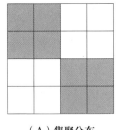
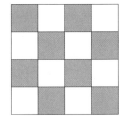
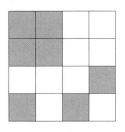

（A）集聚分布　　　　　（B）分散分布　　　　　（C）随机分布

图3-1 空间单元分布模式示意图

空间自相关通常有全局空间自相关和局部空间自相关两大类（邱炳文 等，2007；聂艳 等，2013）。全局自相关是对属性值在整个区域的空间特征的描述，通过对全局 *Moran's I*、全局 *Geary's C* 和全局 *Getis-Ord G* 等统计量的估计，可分析区域总体的空间关联和空间差异的平均程度，但不能充分描述研究区域内所有单元之间的空间联系模式，尤其当空间过程在空间上出现非平稳状态时，需要进行局部空间自相关分析。局部空间自相关分析主要分析局部乃至每个空间单元的属性值在异质性空间的分布格局，可以度量每个区域与周边地区之间的局部空间关联程度，用以识别"热点区域"以及对数据做异质性检查。其常用统计量为局部 *Moran's I* 和局部 *Geary's C* 指数。本书选取 *Moran's I* 指数分析不同城镇单元城市扩张测度值的空间自相关性，衡量城市扩张过程中的城镇单元空间集聚水平。其表达式如下：

$$Moran's\ I = \frac{n}{\sum\limits_{i=1}^{n}\sum\limits_{j=1}^{n} w_{ij}} \cdot \frac{\sum\limits_{i=1}^{n}\sum\limits_{j=1}^{n} w_{ij}\left(x_i - \overline{x}\right)\left(x_j - \overline{x}\right)}{\sum\limits_{i=1}^{n}\left(x_i - \overline{x}\right)^2} \qquad (3\text{-}19)$$

式中，x_i 和 x_j 是区域内相邻配对空间单元的属性值；$\overline{x}$ 是区域内所有空间单元属性值的平均值；w_{ij} 表示单元 i 与 j 的空间权重，若 i 与 j 相邻则取值为1，否则取值为0；n 是空间单元总数。*Moran's I* 指数取值范围为 [-1, 1]，大于0表示存在空间正相关性，小于0表示存在空间负相关性，等于0则表示不存在空间自相关。需要指出的是，*Moran's I* 指数本质上属于空间统计学的范畴，指数大小仅代表一种统计关系（谢正峰 等，2009），如要解释土地利用空间自相关的内在机制，还需要结合不同区域自然资源环境和社会经济等要素进行综合分析。

3.4 武汉城市扩张测度与特征分析

3.4.1 武汉城市扩张数量结构测度与分析

1. 武汉城市扩张规模与结构分析

根据数据统计可知，1996—2013年间武汉市城镇建设用地面积由373.23 km² 增加到883.15 km²，用地比例由4.36%扩大到10.31%，各阶段用地规模明显呈逐渐扩张趋势。17年间城市扩张年均变化率为3.4%，扩张强度为0.35。从扩张速度来看，1996—2002年间变化速度最快，年均变化率达5.98%，之后逐渐变慢且趋于稳定；但从扩张强度来看，各阶段年均扩张强度逐渐增加，2006—2013年间的扩张强度高于总体扩张水平（见图3-2）。

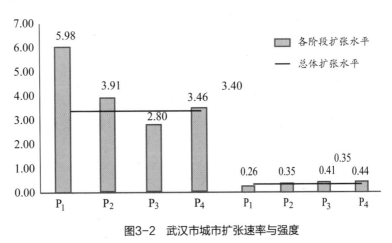

图3-2　武汉市城市扩张速率与强度

注：P_1、P_2、P_3、P_4依次表示1996—2002年、2002—2006年、2006—2009年、2009—2013年这4个阶段。

由表3-1和表3-2可知，武汉市城市扩张过程中，城市与建制镇面积大幅增加，其中建制镇增加速度最快，年均增幅为44.38%（由表3-2中数据计算而得）；工矿用地则急剧减少，减幅为71.68%；城市与建制镇扩张规模与速度远远超过工矿用地变化，17年间城市、建制镇与工矿用地面积比由1.25：0.32：1变为10.8：9.72：1，城镇建设用地内部结构变化较大。此外，根据武汉市1996和2013土地利用类型结构（见图3-3）可知，1996—2013年间武汉城市扩张中，城镇建设用地占土地总面积的比例由4.38%上升到10.30%，其增长规模与速度明显高于农村建设用地和其他建设用地。由统计数据可知，其他建设用地中的交通设施建设用地比例由1996年的2.32%提高到2013年的4.05%，说明武汉市城镇扩张过程中，道路交通等基础设施配套建设也日益加快；而城镇建设用地与农村居民点用地面积比由1996年的0.85：1变为2013年的1.57：1，表明建设用地城乡结构发生了较大变化。

表3-1　武汉市城市扩张规模与结构

用地类型	1996 年		2002 年		2006 年		2009 年		2013 年	
	S/km²	V/%	S/km²	V/%	S/km²	V/%	S/km²	V/%	S/km²	V/%
城市	181.69	48.68	236.31	46.6	251.11	40.12	399.66	54.66	443.28	50.19
建制镇	46.67	12.51	100.16	19.75	117.02	18.7	290.38	39.71	398.84	45.16
工矿用地	144.87	38.81	170.58	33.64	257.78	41.18	41.18	5.63	41.03	4.65
城镇建设用地	373.23	100	507.05	100	625.92	100	731.21	100	883.15	100

注：S 表示城镇建设用地面积，V 表示不同类型城镇建设用地比例。

表3-2　武汉市城市扩张规模与结构变化

用地类型	1996—2002 年		2002—2006 年		2006—2009 年		2009—2013 年		1996—2013 年	
	S'/km²	T/%	S'/km²	T/%	S'/km²	T/%	S'/km²	T%	S'/km²	T/%
城镇建设用地	133.82	35.86	118.86	23.44	105.3	16.82	151.93	20.78	509.92	136.62
城市	54.62	30.06	14.8	6.26	148.54	59.15	43.62	10.91	261.59	143.98
建制镇	53.49	114.6	16.86	16.83	173.35	148.14	108.46	37.35	352.16	754.51
工矿用地	25.71	17.75	87.2	51.12	−216.6	−84.03	−0.15	−0.36	−103.83	−71.68

注：S' 表示城镇建设用地变化面积，T 表示不同类型城镇建设用地变化速率。

　　总体而言，从武汉市城镇建设用地在不同阶段的规模与结构变化来看，城市与建制镇在1996—2002年、2002—2006年、2006—2009年以及2009—2013年4个阶段均有所增加，建制镇用地增幅均超过同期城市用地增幅，且2006—2009年间增幅最大，其中城市用地年均变化速率为19.72%，建制镇用地年均增长速率达到49.38%。工矿用地面积在1996—2006年间仍有增加，2002—2006年间变化速率达12.78%，远高于城市与建制镇用地涨幅。2006—2009年间工矿用地则以年均28.01%的速率减少，至2009年其面积由1996年的144.87 km²减少至41.18km²，在全市土地总面积中的比例由1996年的1.70%下降到0.48%。2009—2013年间工矿用地的减少趋势，在数量上仅减少了0.15 km²。

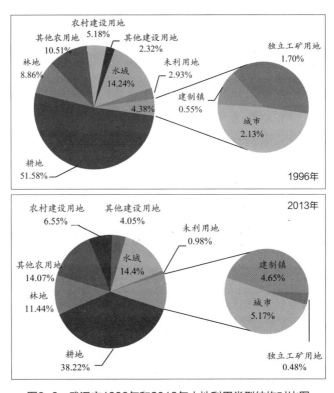

图3-3　武汉市1996年和2013年土地利用类型结构对比图

2. 武汉城镇土地利用类型转换分析

（1）城镇建设用地类型转换。1996—2013年武汉市城市、建制镇、工矿用地由其他用地类型转换而来的比例分别为61.03%、96.15%和70.02%。除了对耕地的占用，城市与建制镇扩张还源自对其他农用地的占用以及由工矿用地和农居点整理获得，对其他土地利用类型的占用相对较少；工矿用地整理则为城市和建制镇扩张提供了较大规模的用地资源（由表3-3、表3-4城市和建制镇对工矿用地的占用、用地转换矩阵可以看出）。同期武汉市城镇建设用地转出为其他用地类型的面积共173.07 km²，其中城市用地转出仅9.04 km²，主要表现为对建制镇和其他建设用地的补给；建制镇共转出31.37 km²，其中58.59% 转为城市用地，15.68% 转为农村居民点，10.86% 转为耕地，7.09% 转为其他建设用地；工矿用地仅保留15.35 km²，大部分地区转为其他用地且以城市（30.99%）、建制镇（17.16%）为主。由表3-4

表3-3 1996—2013年武汉市城市扩张对其他地类的占用比例

用地类型	耕地	林地	其他农用地	城市	建制镇	工矿用地	农村居民点	其他建设用地	水域	未利用地
城市	34.98	4.72	17.64	\	6.8	15.21	10.02	5.81	3.42	1.41
建制镇	59.87	2.63	12.93	0.6	\	5.94	10.92	1.55	3.28	2.28
工矿用地	38.98	25.34	6.95	0.02	0.25	\	3.64	2.01	1.93	20.88

表3-4 1996—2013年武汉市城镇建设用地与其他用地类型转换矩阵

用地类型	入出差和贡献率	耕地	林地	其他农用地	城市	建制镇	工矿用地	农村建设用地	其他建设用地	水域	未利用地
城市	D-value	94.17	12.66	47.32	\	16.07	41.10	26.49	12.39	7.36	3.72
城市	C-rate	36.04	4.84	18.11	\	6.15	15.73	10.14	4.74	2.82	1.42
建制镇	D-value	226.13	9.75	48.00	-16.07	\	22.70	36.95	3.71	12.21	8.63
建制镇	C-rate	64.24	2.77	13.64	-4.57	\	6.45	10.50	1.05	3.47	2.45
工矿用地	D-value	-2.33	-3.42	-9.59	-41.10	-22.70	\	-14.95	-11.90	-2.90	4.95
工矿用地	C-rate	2.24	3.29	9.23	39.54	21.84	\	14.38	11.45	2.79	-4.76

注：D-value 为入出差，是指1996—2013年间第 i 项土地利用类型由第 j 项土地利用类型转入的面积与第 i 项土地利用类型转出为第 j 项土地利用类型面积之差（单位：km²）；C-rate 为贡献率，是指第 i 项土地利用类型与第 j 项土地利用类型的入出差占第 i 项土地利用类型净增（减）面积的比例，即第 j 项土地利用类型对第 i 项土地利用类型净变化量的作用程度（单位：%）。

可见，工矿用地对交通建设用地、水利设施用地、其他建设用地以及林地的增加起到了相应的促进作用。

（2）城镇建设用地与其他用地类型转换。由武汉市1996—2013年土地利用转换矩阵（见表3-4）可知，武汉市城镇建设用地占用耕地的现象极为严重。1996—2013年间，武汉市耕地面积由4 390 km²减少为3 275.05 km²，在全市土地总面积中所占比例下降了13.36%，减少的耕地中除53.49%因农村产业结构调整转换为林地和其他农用地外，19.36%转化为城镇建设用地。17年间武汉市城镇建设用地占用耕地面积约335.3 km²，其中建制镇用地占用耕地面积最多，占用面积229.54 km²，城市和工矿用地分别占用94.57 km²和11.20 km²。各项新增城镇建设用地对耕地的占用比例中，以建制镇最高，约为59.87%，工矿用地和城市分别为38.98%和34.98%。

（3）分阶段扩张占地特征。对比1996—2013年不同阶段城市扩张占用其他土地类型的数据（详见表3-5）可知，首先是城市扩张对耕地的占用呈明显的加速趋势，1996—2002年间的年均占地率仅为1.52%（由表3-5中数据除以相对应的年限统计所得，下同），2006—2009年则提高到11.97%，2009—2013年间进一步提高到14.74%；其次是对其他农用地的占用率，从1996—2002年间的2.21%提高到2009—2013年间的6.05%；最后是城镇扩张对农居点的占用则由强变弱，相比前三个阶段5%~6%的年均占有率，2009—2013年该项指标仅为1.71%。

数据显示，4个阶段的城镇建设用地扩展对林地和水域的占用相对较少，说明武汉市城镇扩张过程中对生态用地的保护有力，在某种程度上也能反映这17年来武汉市对生态环境保护的一贯性。

在各类城市扩张过程中，新增建制镇用地对耕地的年均占用率从1996—2002年间的4.71%提升至2009—2013年间的15.78%，新增工矿用地对耕地的占用明显增多，前三个阶段的年均占用率分别为9.47%、15.41%、12.49%，2009—2013年则降为7.55%；相对而言，新增城市用地对耕地的占用较少。此外，各个阶段农居点转为建制镇的比例均较高，2009—2013年间农居点转为建制镇的年均转换比例为14.20%，同期转为城市的年均变化率仅为6.81%。2006—2013年间建制镇转为城市的比例较高，其中2006—2009年、2009—2013年的年均转化率分别为19.06% 和17.27%。2002—2006年间工矿用地的转换以转换为城市的比例最高，年均转化率为6.48%；而在2006—2013年间转为建制镇的比例则处于较高水平，两个阶段的年均转化率分别为12.08% 和16.85%（由表3-6中数据除以相对应的年限统计所得）。以上数据进一步反映了武汉市近17年来建设用地城市化进程的不断加快。

表3-5　武汉市分阶段城市扩张占地率

用地类型	1996—2002 年	2002—2006 年	2006—2009 年	2009—2013 年
耕地	9.11	17.50	35.92	58.94
林地	7.46	5.83	7.07	5.16
其他农用地	13.28	25.90	18.32	24.20
农村建设用地	34.90	21.90	20.58	6.85
其他建设用地	16.50	4.39	11.30	0.29
水域	1.94	2.06	4.32	1.66
未利用地	16.81	22.42	2.49	2.90

3.武汉城市扩张数量结构的空间分布特征分析

由武汉市1996年、2002年、2006年、2009年和2013年土地利用现状数据库中提取土地利用分布图可知，武汉市建设用地以中心城区为基准，依长江两岸顺势分布，17年来不断向外围成倍扩展，且集聚度极高，在武汉市土地利用景观总体格局演变中具有越来越明显的景观优势度。利用缓冲区分割和象限分位技术，将武汉市分为8个象限区和以5 km为间距的共17个圈层（见彩图6），运用分区位分析方法对武汉市不同时期、不同阶段的城镇建设用地规模、扩张速率、强度及土地城镇化率等数量结构指标进行分析，同时结合前述分析结果，主要选取城市扩张占用耕地率对城市扩张来源及其空间分布规律进行探讨。

（1）武汉市城市扩张的象限分位分析。利用缓冲区分割和象限分位技术，将武汉市划分为8个象限区，包括Ⅰ区东北向、Ⅱ区北东向、Ⅲ区北西向、Ⅳ区西北向、Ⅴ区西南向、Ⅵ区南西向、Ⅶ区南东向和Ⅷ区东南向。象限分区与武汉市行政区划有较强的相似性，Ⅰ区分布新洲区和青山区大部分地区，Ⅱ区和Ⅲ区分布

表3-6 武汉市分阶段不同类型城市扩张占地率

用地类型	耕地	林地	其他农用地	城市	建制镇	独立工矿用地	农村建设用地	其他建设用地	水域	未利用地
1996—2002 年										
城市	27.06	4.02	19.70	/	0.00	33.49	9.24	2.39	2.91	1.18
建制镇	28.24	1.43	5.91	15.12	/	10.74	32.82	3.08	1.88	0.79
独立工矿用地	56.83	9.61	9.69	1.37	0.30	/	7.17	4.04	2.12	8.86
2002—2006 年										
城市	34.00	2.17	47.87	/	0.00	3.01	6.31	0.10	5.36	1.17
建制镇	47.28	0.41	16.16	0.00	/	3.64	27.41	0.76	2.72	1.61
独立工矿用地	61.65	4.88	19.72	0.44	0.38	/	6.16	1.02	1.76	4.00
2006—2009 年										
城市	10.58	4.79	8.77	/	25.78	24.18	11.51	10.47	3.30	0.62
建制镇	27.21	2.33	12.13	3.32	/	34.36	13.04	4.33	2.05	1.21
独立工矿用地	37.47	22.14	12.50	0.02	1.74	/	7.33	4.25	2.60	11.95
2009—2013 年										
城市	46.57	2.75	33.13	/	2.38	0.05	7.78	0.26	2.72	4.36
建制镇	63.13	5.84	20.37	0.01	/	0.45	6.39	0.30	1.22	2.29
独立工矿用地	30.19	43.80	16.08	0.00	0.06	/	5.69	0.00	2.24	1.94

江岸区和黄陂区大部分地区，Ⅳ区主要为江汉、硚口和东西湖区大部分地区，Ⅴ区主要为汉阳、蔡甸和汉南区大部分地区，Ⅵ区和Ⅶ区为武昌和江夏大部分地区与洪山南部地区，Ⅷ区为洪山北部地区。武汉市象限分区与行政分区的相对一致，有助于更直观、更全面地分析城市扩张的空间分布规律。

由不同阶段各象限城镇建设用地规模比例、扩张强度和速率的统计可知，武汉市1996—2013年间各象限区均有不同程度的城市扩张。就用地规模 [见表3-7、图3-4(A)] 而言，Ⅳ区的城镇建设用地规模比例在1996年、2002年、2006年、2009年处于各象限区首位，主要与江汉、硚口的城镇建设用地比重较高有关；Ⅷ区城镇建设用地规模比增长最快，由1996年的7.50%上升到2013年的19.31%，主要与洪山区城镇建设力度加大有关；Ⅴ区、Ⅵ区和Ⅶ区城镇用地比例及规模增长较为均衡，研究区内规模增长率分别为8.17%、7.27%和9.88%；Ⅰ区、Ⅱ区和Ⅲ区城镇用地比例较小，且规模增长较慢，其中以Ⅱ区为最，17年间城镇建设用地比例仅增长1.53%，主要反映了新洲区城镇建设相对落后的状况。

表3-7 武汉市不同时期分象限区城镇建设用地规模与土地城镇化率对比

象限区	1996 年		2002 年		2006 年		2009 年		2013 年	
	U	U''	U	U''	U	U''	U	U''	U	U''
Ⅰ	4.72	45.34	5.82	46.14	6.58	49.12	7.01	47.42	8.78	52.01
Ⅱ	2.52	32.11	2.90	33.32	3.27	35.73	3.48	33.73	4.04	36.98
Ⅲ	2.93	37.28	4.02	42.88	6.22	52.76	6.02	47.03	6.96	49.85
Ⅳ	8.82	65.60	11.34	64.04	13.49	67.01	13.82	60.03	15.00	58.77
Ⅴ	4.89	45.08	6.94	49.81	8.32	54.11	10.70	64.74	13.05	69.21
Ⅵ	4.01	43.91	5.33	49.80	6.36	55.30	8.47	64.01	11.28	70.38
Ⅶ	4.04	50.56	7.02	62.19	9.90	70.95	12.70	76.19	13.91	77.71
Ⅷ	7.50	59.77	9.81	61.89	11.06	63.60	13.41	66.02	19.31	72.60

注：U 为城镇建设用地规模；U'' 为土地城镇化率。

不同阶段各象限区的城市扩张强度和速率表现出较大的差异 [见图3-4(B)、(C)]。由武汉市不同阶段分象限区城市扩张强度和速率统计对比（见表3-8）可知，

Ⅶ区在1996—2009年各阶段的城市扩张强度明显高于其他区，扩张速率保持较高水平，说明江夏区、武昌区和洪山区城镇扩张进程较快；2009—2013年Ⅷ区城市扩张强度最大，进一步说明洪山区在扩张中的规模优势；Ⅰ区、Ⅱ区和Ⅲ区扩张强度相对较低，主要表现为黄陂和新洲区城镇发展滞后；2002—2006年间Ⅲ区城市扩张速度大幅提高，到2006—2009年间却出现负增长，足见其城市扩张态势极不稳定。

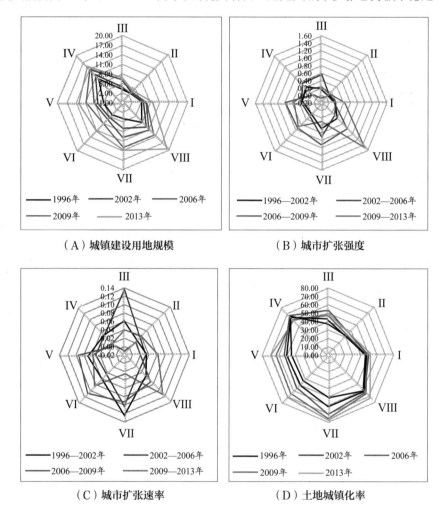

图3-4 武汉市城市扩张象限分布雷达图

由图3-4（D）可见，除Ⅳ区外，其他各象限区的土地城镇化率均有不同程度的提高，反映了江汉、硚口区土地城镇化水平极高，城镇建设用地几近饱和。

1996年Ⅳ区土地城镇化水平位居各区之首，达65.6%。到2013年，Ⅶ区因城镇化速率较快，该指标后来者居上，高达77.71%。此外，Ⅴ区、Ⅵ区和Ⅷ区的土地城镇化水平明显高于Ⅱ区和Ⅲ区，到2013年Ⅴ区、Ⅵ区、Ⅶ区和Ⅷ区的土地城镇化率分别高达69.21%、69.21%、70.38%和72.6%，Ⅱ区和Ⅲ区的土地城镇化率不到50%。究其原因，主要是蔡甸、江夏、洪山等区在近17年来人口与产业城镇化水平不断提高，城镇建设力度较大，而新洲、黄陂等区因资源条件、发展基础相对薄弱，城镇建设滞后。

表3-8　武汉市不同阶段分象限区城市扩张强度与速率对比

象限区	1996—2002 年		2002—2006 年		2006—2009 年		2009—2013 年	
	S	Z	S	Z	S	Z	S	Z
Ⅰ	0.18	0.04	0.19	0.03	0.14	0.02	0.44	0.06
Ⅱ	0.06	0.03	0.09	0.03	0.07	0.02	0.14	0.04
Ⅲ	0.18	0.06	0.55	0.14	−0.06	−0.01	0.23	0.04
Ⅳ	0.42	0.05	0.54	0.05	0.11	0.01	0.30	0.02
Ⅴ	0.34	0.07	0.35	0.05	0.79	0.10	0.59	0.08
Ⅵ	0.22	0.06	0.26	0.05	0.70	0.11	0.70	0.08
Ⅶ	0.50	0.12	0.72	0.10	0.93	0.09	0.30	0.02
Ⅷ	0.39	0.05	0.31	0.03	0.78	0.07	1.48	0.11

注：S 为城市扩张强度；Z 为城市扩张速率。

各圈层城市扩张在不同阶段均有较大幅度的对耕地的占用 [见图3-5（A）]，1996—2006年间主要表现为Ⅰ区、Ⅳ区、Ⅴ区占用耕地现象较为严重，2006—2009年间各圈层占用耕地比例相对降低，2009—2013年占用更加严重，且以Ⅷ区占用比例最高（77.78%），主要反映了地处城乡接合部的洪山区城镇用地加速扩张对耕地的大肆占用。

（2）武汉市城市扩张的圈层分割分析。由不同阶段城市扩张的圈层分布统计可知，1996—2013年间，武汉城镇建设用地主要分布在45 km圈层以内，且逐层向外递减，但在不同时期各圈层呈现均匀扩张的规律，45 km及以外的圈层城镇建设用地分布较少，扩张亦不明显 [见图3-6（A）]。

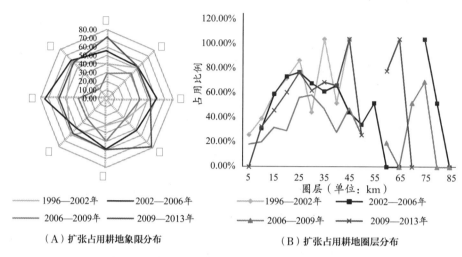

（A）扩张占用耕地象限分布　　　　（B）扩张占用耕地圈层分布

图3-5　武汉市城市扩张占用耕地的空间分区位分布图

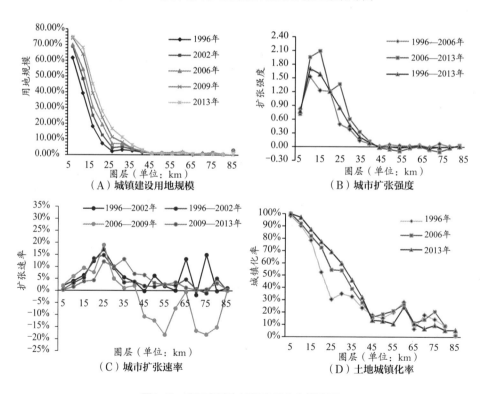

图3-6　武汉市城市扩张空间分布梯度图

1996—2006年间、2006—2013年间武汉市城市扩张强度的圈层分布具有较强的一致性，总体而言，城市扩张强度随距离市中心的距离增加而衰减，呈现出较为明显的距离衰减规律，扩张强度峰值由1996—2006年间的10 km 圈层推移到2006—2013年间的15 km 和25 km 圈层；距市中心10 km 以内圈层主要为研究基期城镇建设用地分布较为均衡的区域，扩张幅度差异较小；距市中心10~40 km 圈层城市扩张强度明显增大，扩张最活跃；40 km 圈层向外的城镇建设用地在1996—2006年间的扩张强度明显降低，且各圈层差异极小，2006—2013年间则主要呈现负向扩张[见图3-6（B）]。

由图3-6（C）可见，30 km 圈层以内不同阶段的城市扩张速率较为一致，扩张速率峰值集中在25 km 圈层，内圈层扩张速率较低，5~25 km 之间的各圈层扩张速率逐渐增大；30 km 以外的圈层在不同阶段的扩张速率差异较大，主要表现在1996—2002年和2006—2009年两个阶段，其中1996—2002年间30 km 外各圈层50 km、65 km 和75 km 圈层处分别出现扩张速率峰值，而2006—2009年间40 km 圈层以外的各圈层扩张速率均为负数，说明在此期间，该区域范围内的城市扩张持续停滞，由于土地管理政策或其他原因城镇用地出现减少的现象。

武汉市不同阶段土地城镇化进程总体上呈现较明显的距离衰减规律 [见图3-6（D）]，45 km 以内各圈层的土地城镇化水平在17年间的变化相对一致，随着时间的推移，土地城镇化率逐渐提高，其中5 km 圈层土地城镇化几近饱和，主要是因为该圈层地处武汉市中心，社会经济城镇化水平为全市最高；25 km 圈层土地城镇化率变化最大，反映了该圈层城镇用地扩张对农村建设用地的占用不断增强。45 km 以外各圈层的土地城镇化水平在2006年相对较高，2013年均有下降，60 km 圈层的土地城镇化率为该区域最高水平，究其原因，主要与该圈层分布有远郊区城镇中心相关。

不同圈层城市扩张占用耕地比例的统计数据显示 [见图3-5（B）]，1996—2002年间扩张占用耕地的现象仅发生在5~45 km 圈层，且占用比例随距中心的距离增加而增加，其中35 km 和45 km 圈层中扩张占用耕地比例为百分之百，即城镇用地扩张完全依靠占用耕地，2002—2013年间扩张占用耕地现象跳跃式延伸至45 km 圈层以外，且扩张占用耕地的比例相对较高；2009—2013年间45 km 和65 km

圈层处亦出现城市扩张完全依赖对耕地的占用的现象。

3.4.2 武汉城市扩张形态格局测度与分析

1. 武汉城市扩张模式演化

运用前述新增城镇建设用地最小包围盒判别方法，计算出武汉市4个时段城镇建设用地景观扩张指数，并获得 LEI 直方图（见图3-7）。由于 LEI 取值在 [0, 2) 区间上的斑块数量过多，不利于其他取值区间斑块数目的直观显示，本书未将该区间数据纳入直方图。根据各时段 LEI 直方图显示的峰值，并结合相关研究经验（刘小平 等，2009），设定各类扩张模式的 LEI 阈值：当 LEI 取值范围为 [0, 2) 时，新增城镇建设用地斑块被判定为跳跃型扩张；当 LEI 取值范围为 [2, 50] 时，新增城镇建设用地斑块被判定为蔓延型扩张；当 LEI 取值范围为 (50, 100] 时，新增城镇建设用地斑块则被判定为填充型扩张。

通过统计可知武汉市在4个不同时段城市扩张模式的类型及其变化情况（见表3-9）。结合彩图7可知，1996—2002年间，武汉市城市扩张以沿原有城镇用地周边发生的蔓延型扩张为主，且离市中心越远，沿交通道路发生的蔓延型扩张越明显，原有城镇空白区域的填充型扩张仅占扩张总面积的9.32%；2002—2006年间跳跃型扩张占据主导地位，填充型扩张仅占4.78%；2006—2009年间，城市扩张虽然仍以跳跃型扩张和蔓延型扩张为主，但填充型扩张猛增至12.97%，且主要发生在主城各区以及各镇域中心地区；2009—2013年间，跳跃型扩张面积则增加至73.37%，成为城镇扩张的绝对主导模式，蔓延型扩张和填充型扩张面积呈现为各时段中最低水平。总体而言，武汉市1996—2013年间的城镇扩张模式是以跳跃型扩张为主，蔓延型扩张次之，填充型扩张最少。2006—2009年主城区填充型扩张比例的增加对于土地城镇化水平以及城镇用地集聚度的提高发挥了积极作用。

2. 武汉城镇建设用地景观形态演变

本书运用Fragstats软件分别对1996年、2002年、2006年、2009年和2013年武汉市土地利用景观指数及不同类型景观指数进行计算，结果显示17年间武汉市土地利用景观格局变化较大。

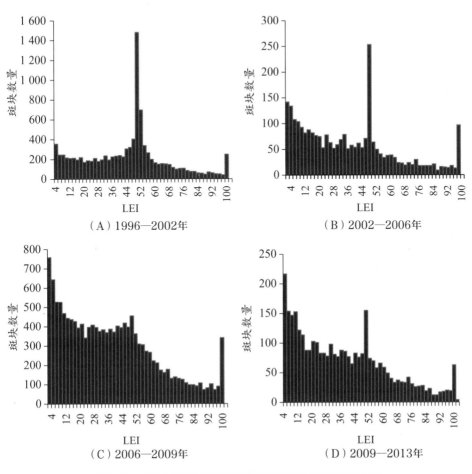

图3-7　武汉市不同时段城镇建设用地景观扩张指数直方图

表3-9　不同时段武汉市城市扩张模式一览表

扩张模式	1996—2002 年		2002—2006 年		2006—2009 年		2009—2013 年	
	S/km²	R/%	S/km²	R/%	S/km²	R/%	S/km²	R/%
填充型	30.64	9.32	10.09	4.78	71.05	12.97	11.59	4.05
蔓延型	149.20	45.40	85.02	40.23	221.57	40.44	64.60	22.58
跳跃型	148.76	45.27	116.24	55.00	255.27	46.59	209.87	73.37

注：S 表示不同类型的扩张面积；R 表示不同类型扩张面积占总扩张面积的比例。

（1）景观尺度指数分析。1996—2013年间武汉市土地利用景观尺度的最大斑块面积指数（LPI）、蔓延度指数（CONAG）、集聚度指数（AI）均呈现变小的趋势，而景观分离度指数（DIVISION）和景观多样性指数（SHDI）则有所增加，说明武汉市土地利用过程中不同土地类型的斑块分割加剧，景观破碎性增强，离散化程度增加。对比各项指数4个阶段的年均变化水平可知，2006—2009年间武汉市土地斑块数量虽略有减少，但斑块离散化与景观破碎化最为剧烈，相比之下，2002—2006年间武汉市土地利用景观格局变化较小（见图3-8）。

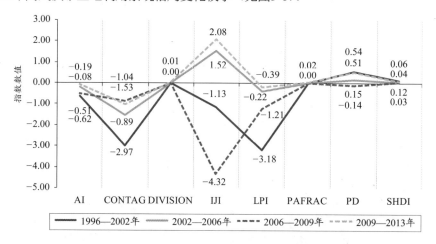

图3-8　1996—2013年武汉市景观指数差异分阶段对比

（2）类型尺度指数分析。由不同类型地类斑块数量与斑块密度统计可知，1996—2013年间随着武汉市城镇建设用地面积不断增加，城镇用地斑块数量却有所减少，斑块密度（PD）下降说明城镇用地扩张中斑块的集聚水平有所提高。其中1996年武汉市城市与建制镇用地斑块数量分别为245个和233个，到2013年城市、建制镇斑块数量分别增加到706个和2 205个，相对于1996年增加了1.88倍和8.46倍，建制镇斑块密度的增加明显高于城市斑块密度。17年间武汉市工矿用地斑块数量从4 825个减少到1 232个，斑块密度也从0.56减少到0.14，这一现象主要与武汉市近年来加大工矿用地整理和搬迁密切相关。

结合武汉市城镇建设用地最大斑块面积指数（LPI）、聚集度（AI）、散布与并列指数（IJI）变化趋势（详见图3-9）可知，17年间武汉市城镇建设用地 LPI、AI 值基本呈现出增大趋势，特别是在2009年和2013年 AI 值相对一致，说明城镇建设用地景观聚集水平不断提高，上升到一定阶段后达到较为稳定水平。IJI 持续增加，说明武汉市城市扩张过程中与其相邻接的其他用地类型数量增加，反映了城镇用地扩张的地类混杂性提高。景观形状指数（LSI）的变化则显示出武汉市城镇用地斑块逐渐由离散变为聚集，且在2009年表现出较高的聚集程度。根据类型尺度的面积周长分维度指数（PAFRAC）指标意义可知，PAFRAC 值用以指示区域斑块类型的形状复杂程度，其值介于1和2之间，值越接近1表示斑块形状越规则，如正方形或圆形，值越接近2则代表形状复杂、不规则。对比不同年份的 PAFRAC 可见（见图3-9），17年间城镇建设用地斑块形状总体趋向规则，其中2002年规则程度最低，2009年则降至最高水平，2013年稍有滑落，说明随着城镇用地的加速扩张，斑块形状的规则程度日益增加。

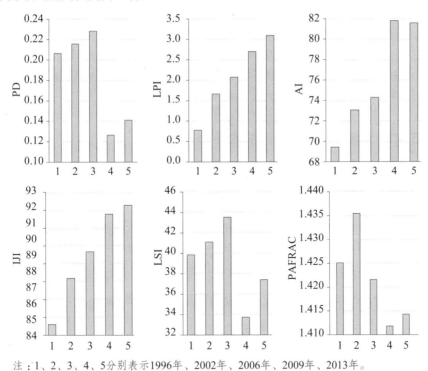

注：1、2、3、4、5分别表示1996年、2002年、2006年、2009年、2013年。

图3-9　武汉市不同年份类型尺度景观指数对比图

此外，武汉市其他土地利用类型景观格局也发生了较大变化。由图3-10可见，1996年耕地景观在武汉市土地利用景观格局中居于主导地位，但到2013年，耕地的优势明显减少、破碎化程度增加。水域与林地作为武汉市主要的生态用地景观，在土地景观格局中的优势度紧随耕地景观，1996年和2013年水域和林地的 LPI 和 AI 值对比显示，水域和林地的景观破碎化程度相对较小，其中水域的斑块聚集程度有较大的提高。

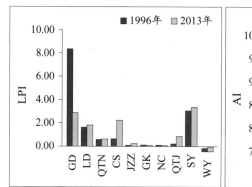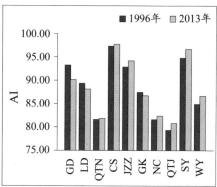

图3-10 1996年与2013年武汉市各类土地利用类型景观指数对比

注：GD= 耕地；LD= 林地；QTN= 其他农用地；CS= 城市；JZZ= 建制镇；GK= 工矿用地；NC= 农村建设用地；QTJ= 其他建设用地；SY= 水域；WY= 未利用地。

3.4.3 武汉城市扩张空间结构测度与分析

1. 面向城镇体系的武汉城市扩张测度与分析

（1）城市扩张空间均衡度分析。对武汉市各乡镇单元的城镇建设用地规模（以用地规模占行政单元面积的比例计）大小进行排序，分别代入式（3-11），进行线性回归分析，结果见表3-10和图3-11。由不同年份回归结果可知，武汉市不同乡镇单元城镇建设用地规模分布的 Zipf 指数（q）偏小，均小于0.5，最大值仅为0.430 4，反映了武汉市城镇建设用地规模分布具有较强的空间不均衡性，中小规模的乡镇占主导；2013年的 Zipf 指数比1996年下降了0.057 5，比2006年下降了0.088 4，说明随着较低规模单元的用地扩张加剧，武汉市城镇建设用地空间分布逐渐均衡。武汉市不同乡镇单元城镇建设用地规模分布的分维值（D）均大于1，且主要表现为1996—2009年间分维值不断增大，其中2006—2009年增幅最大，结合各乡镇用地规模增长情况可知，2006年以后武汉市城镇建设用地规模在不同空间单元均衡发展，到2009年中、低规模等级的乡镇用地规模增长较快，对改变武汉市城镇建设用地规模的空间分布均衡性具有重要推动作用。

表3-10 武汉市城市扩张位序-规模回归结果

年份	位序-规模回归方程	R^2	U_0	q	D
1996 年	$U = 0.692\,3r^{-0.399\,5}$	0.443 3	0.692 3	0.399 5	1.109 6
2002 年	$U = 0.916\,7r^{-0.386\,45}$	0.459 5	0.916 7	0.386 4	1.189 2
2006 年	$U = 0.916\,7r^{-0.430\,45}$	0.540 1	0.916 7	0.430 4	1.254 9
2009 年	$U = 0.926\,3r^{-0.402\,35}$	0.686 2	0.926 3	0.402 3	1.705 7
2013 年	$U = r^{-0.342\,0}$	0.491 8	1.000 0	0.342 0	1.438 0

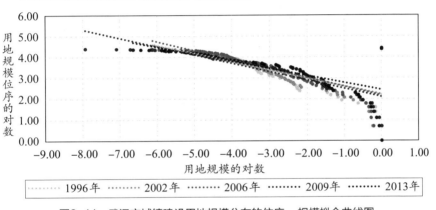

图3-11 武汉市城镇建设用地规模分布的位序-规模拟合曲线图

回归结果亦表明，各年份位序-规模回归方程的拟合系数均较小，与大尺度研究区（谈明洪 等，2003；程开明 等，2012）城市用地规模的位序-规模拟合系数相差较大，究其原因，可能与某些乡镇单元的用地规模过小有关。由图3-12可见，位序在60以后的乡镇单元城镇建设用地规模均不到1 km²，与不同年份的最大用地规模相差极大，使得武汉市城镇建设用地规模的位序-规模拟合出现偏差，属于正常的"截尾效应"（Rosen et al., 1980）。

（2）城市扩张空间差异度分析。将各乡镇单元的城镇建设用地规模数据代入式（3-13），分别计算武汉市以及不同等级城镇体系的城镇建设用地规模基尼系数（见表3-11），可以发现武汉市不同年份城镇建设用地规模的基尼系数处于0.3~0.4

之间的水平，说明17年间用地规模较大单元与中小规模单元之间始终存在一定的差距；1996—2006年间，基尼系数不断变小，2009年明显增大，至2013年又略有减少，这一变化与位序 - 规模分维值的阶段性变化较为一致，反映了在经历2009年阶段性的用地规模空间差距拉大后，武汉市不同规模单元城镇建设用地规模分布进入新的均衡状态。

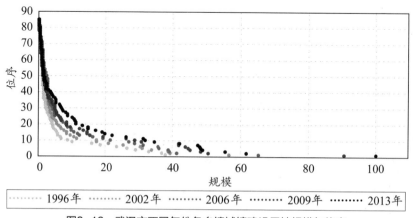

图3-12　武汉市不同年份各乡镇城镇建设用地规模与位序

通过对不同等级镇域城镇建设用地规模基尼系数对比（见表3-11）可知，重点镇域基尼系数变化与武汉市整体的基尼系数变化趋势较为一致，且重点镇域基尼系数相对较稳定，系数浮动在0.01~0.03之间，说明重点镇域各单元城镇建设用地规模差距较小，空间分布较均衡；中心城域基尼系数明显增大，1996—2013年间增幅为0.051，说明中心城域各单元之间的用地规模差距逐渐拉大；中心镇域基尼系数变化最大，最高浮动0.106，反映了该镇域城镇建设用地规模空间差异性极高；一般镇域基尼系数变化幅度在0.01~0.05之间，但基尼系数值的变化反映各空间单元用地规模差距逐渐拉大。

（3）城市扩张空间关联度分析。利用 ArcGIS 中的空间统计工具，根据式（3-14）、式（3-15）和式（3-16）分别计算武汉市各乡镇单元城镇建设用地规模的 *Getis-Ord General G* 统计指数，用以识别武汉市城市扩张中的空间关联与集聚特征。武汉市城镇建设用地规模空间关联度指数计算结果见表3-12。结果显示，不同年份用地规模的 *Getis-Ord General G* 统计观测值 G 和期望值 $E(G)$ 均接近0，表明武汉市城镇建设用地规模的空间集聚特征较弱；G 值均高于 $E(G)$ 值，且 $Z(G)$ 显著，表明武汉市城镇建设用地规模的空间集聚分布主要体现为高值集聚，即少数规模较大的空间单元具有集聚特征，规模较小的空间单元以分散的状态分布；G 值逐渐变小，说明这种高值集聚逐渐趋于弱化，但 $Z(G)$ 的变化则显示武汉市城镇建设用地规模的空间关联水平在1996—2006年和2006—2009年具有显著的阶段性差异，结合前述空间均衡度和差异度的分析可知，2006年之后随着武汉市城市扩张加剧，各空间单元用地规模差距加大，空间分布进入新的均衡状态，各单元的用地规模分布也呈现出新的集聚特征。

表3-11 武汉市不同年份城镇建设用地规模基尼系数

空间范围	1996 年	2002 年	2006 年	2009 年	2013 年
武汉市	0.353	0.349	0.312	0.370	0.360
中心城域	0.064	0.083	0.087	0.103	0.115
重点镇域	0.223	0.226	0.232	0.252	0.232
中心镇域	0.212	0.168	0.184	0.290	0.293
一般镇域	0.203	0.248	0.234	0.248	0.255

表3-12 武汉市城镇建设用地规模空间关联度指数

指数	1996 年	2002 年	2006 年	2009 年	2013 年
G	0.44×10^{-4}	0.43×10^{-4}	0.39×10^{-4}	0.38×10^{-4}	0.33×10^{-4}
$E(G)$	0.06×10^{-4}	0.06×10^{-4}	0.06×10^{-4}	0.06×10^{-4}	0.06×10^{-4}
$Z(G)$	12.714	14.247	14.985	13.781	13.432

2. 不同等级镇域扩张区域差异性分析

根据各镇域不同时期土地利用现状数据，本书分别对武汉市7个中心城、29个重点镇、17个中心镇和32个一般镇的城市扩张规模、强度、速率等指标进行汇总计算，进而对不同等级镇域城市扩张特征及其区域差异性进行分析。

由表3-13和图3-13可知，不同时期各等级镇域的城镇建设用地比例不断提高，且随镇域等级的高低依次排序，中心城的城镇建设用地占该等级镇域面积的比例远远高于其他等级镇域；但扩张规模有较明显的区域性变化，中心城扩张在1996—2006年和2006—2013年两个阶段均出现前期扩张规模较大、后期扩张规模减小的状态；重点镇域各阶段扩张规模均为最大，尤其到2009—2013年重点镇域城镇用地规模在全市用地面积的比例超过中心城域；中心镇域和一般镇域的城镇用地在全市所占比例总体呈减少趋势，2006—2009年间均出现负增长。彩图8显示了不同等级镇域各乡镇的城镇建设用地规模及其变化。

表3-13 武汉市不同等级镇域城镇建设用地比例

空间范围	1996 年		2002 年		2006 年		2009 年		2013 年	
	R	R'	R	R'	R	R'	R	R'	R	R'
中心城域	34.88	55.51	41.80	49.08	45.69	43.38	56.51	45.16	60.97	40.42
重点镇域	4.01	29.46	6.91	37.49	9.85	43.20	12.34	45.58	16.25	49.76
中心镇域	1.25	7.55	1.64	7.30	2.21	7.93	1.97	5.96	2.57	6.45
一般镇域	0.91	7.48	1.01	6.13	1.12	5.50	0.80	3.30	0.98	3.37

注：R 表示城镇用地占该区域面积比例；R' 表示城镇用地占全市面积比例。

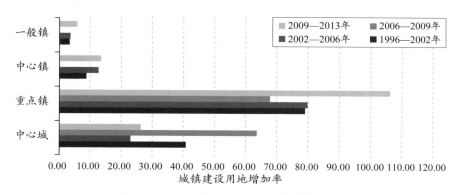

图3-13 武汉市不同等级镇域城市扩张规模

如表3-14所示，从扩张强度来看，中心城域和重点镇域在2006—2009年间的扩张强度较高，17年间其扩张强度总体呈下降趋势（个别阶段上升了），相对而言，中心镇域和一般镇域在不同阶段的城镇扩张强度总体呈上升趋势（个别阶段下降了）；不同阶段重点镇域扩张强度均为最大，中心镇域在2009—2013年间出现较大强度的扩张。就扩张速率来看，中心城域则是扩张速率最快的区域，但扩张速率逐年放慢；重点镇域扩张速率较中心城域慢，但呈逐年加快趋势。彩图9显示了武汉市不同等级镇域城市扩张强度与速率的变化情况。

表3-14 武汉市不同等级镇域城市扩张强度与速率

空间范围	1996—2002 年		2002—2006 年		2006—2009 年		2009—2013 年	
	S	Z	S	Z	S	Z	S	Z
中心城域	3.31	1.15	2.33	0.97	7.89	3.60	1.97	1.12
重点镇域	12.09	0.48	10.62	0.73	8.44	0.83	7.91	0.98
中心镇域	5.17	0.06	8.59	0.14	−3.58	−0.08	7.64	0.15
一般镇域	1.85	0.02	2.73	0.03	−9.55	−0.11	5.75	0.05

注：S 为城市扩张强度；Z 为城市扩张速率。

由统计数据可知，武汉市不同等级镇域城市扩张主要以占用耕地为主，其中2009—2013年间中心镇域和一般镇域城镇用地占用耕地最多，大部分发生城镇用地增长的乡镇占用耕地率为100%（见彩图10）。就土地城镇化率而言，中心城域各单位的土地城镇化水平最高，重点镇域各乡镇的土地城镇化水平增长最为显著，中心镇域各乡镇土地城镇化水平差异较大，一般镇域城镇化水平最低（见彩图11）；到2013年，不同等级镇域各乡镇的土地城镇化平均水平分别为96.14%、62%、26.12% 和15.22%，体现了较大的城乡差异特征。

运用式（3-9）计算武汉市不同年份城镇建设用地规模相对变化率（见表3-15），结果显示，重点镇域城镇建设用地规模的相对变化率在不同阶段均表现出较高水平，特别是1996—2002年间的相对变化率分别比其他镇域高出73%、57% 和85%，说明重点镇域的用地扩张对于武汉市城镇建设用地规模变化起到主导作用；2002—2006年间，重点镇域与中心镇域相对变化率均超过1，说明这些区域的用地扩张均对武汉市整体的城镇用地扩张发挥了作用；2006—2009年间，除中心镇域外，其他各镇域用地规模变化对武汉市城镇建设用地总体变化的作用逐渐趋于均衡；2009—2013年则表现为中心城域相对变化率较小，其他镇域特别是重点镇域和中心镇域的变化作用较大。

表3-15 武汉市不同年份城镇建设用地规模相对变化率

空间范围	1996—2002 年	2002—2006 年	2006—2009 年	2009—2013 年
中心城域	0.56	0.39	1.26	0.38
重点镇域	2.04	1.79	1.35	1.54
中心镇域	0.87	1.45	0.57	1.49
一般镇域	0.31	0.46	1.53	1.12

3. 不同等级镇域扩张的空间相关性分析

基于空间自相关分析考察不同乡镇单元与其邻域单元城市扩张各项指标的关联程度，能够分析武汉市城市扩张过程中的空间集聚特征和热点区域。通过前述不同镇域城市扩张的时序特征对比可知，武汉市城市扩张总体表现为以2006年为分界点的前后两个阶段的差异性较大。为减弱信息的冗余性，本书主要针对1996—2006年和2006—2013年两个阶段的城市扩张指标进行空间自相关分析。城镇扩张速率、耕地占用率等指标由于数据属性受限，未纳入空间自相关分析。本书以乡镇为单位，依据武汉市各乡镇城市扩张特征值的统计，以要素邻近方式构建权重矩阵，运用 Geoda 软件分别计算不同阶段各项特征值的 Moran's I 系数和 P 值，绘制相应的空间联系的局部指标（Local Indicators of Spatial Associatiom，LISA）聚集图，保存并导出结果并在 ArcGIS 中绘制成图。各项指标 Moran's I 系数的 P 值均小于0.05，表明结果可信度较高，结果显示武汉市城镇建设用地在各镇域的分布及扩张特征具有较显著的空间自相关性（见表3-16），1996—2013年间武汉市镇域城镇建设用地规模、土地城镇化率和扩张规模的全局空间自相关性不断增强，呈现较强的聚集效应，但扩张强度的空间相关性有所减弱，反映了各乡镇在扩张强度上的关联性逐渐减弱。

由彩图12可见，1996年城市扩张的热点主要分布在中心城域中的江岸、江汉、硚口、汉阳、武昌区以及洪山城区，到2013年则扩大至重点镇域的金银河、长青街道以及青菱乡等地；17年间武汉市城市扩张冷点多为城镇体系中的一般镇，主要包括分布在地处城市边缘的新沟镇、侏儒镇、山坡乡、舒安乡以及新洲区和黄陂区北部多个乡镇。

表3-16　武汉市镇域城市扩张特征值的 Moran's I 系数

特征值	1996 年	2006 年	2013 年
用地规模	0.313 0	0.422 2	0.428 5
土地城镇率	0.386 3	0.500 3	0.506 9

特征值	1996—2006 年	2006—2013 年
扩张规模	0.288 5	0.370 9
扩张强度	0.383 8	0.302 1

　　1996年土地城镇化热点分布与2013年城镇建设用地规模的热点分布较为一致（见彩图13），但17年间热点逐渐南移，蔡甸区的大集、沌口、军山，江夏区的纸坊、流芳以及洪山区的建设和花山等乡镇逐渐成为土地城镇化热点区域；冷点区域的分布则与城镇用地规模冷点一致。城镇建设用地规模和土地城镇化率的空间相关性特征反映了17年间武汉市城市扩张的空间发展趋势，究其原因，应与近年来蔡甸、江夏以及洪山等区的开发区发展和基础配套设施建设力度加大有关。

　　由不同时段武汉市镇域城市扩张规模和扩张强度的 LISA 集聚分布对比图可知，扩张热点均分布在重点镇域，由于空间关联效应，与重点镇域紧密连接的少数中心镇扩张规模亦较高。1996—2006年中心城域扩张规模热点主要分布在江岸区和洪山城区，重点镇域主要分布在和洪山与江夏相邻的乡镇，2006—2013年则延伸至硚口和蔡甸区，热点区域连接成片，集聚程度更为显著（见彩图14）；扩张强度的集聚分布范围相对较小，1996—2006年间各镇域扩张强度关联分布主要表现为江汉、硚口往东至将军路、吴家山、长青街、泾河街一带，集聚程度较高，2006—2013年间的扩张强度关联分布则表现为依长江向硚口区以南和洪山城区及其东南向的重点镇域，集聚范围扩大（见彩图15）。同样，各乡镇的城市扩张规模和强度的空间关联冷点主要分布在偏远的少数中心镇和一般镇，其中黄陂和新洲区仍为主要分布区域。

3.5　本章小结

　　本章在梳理传统城市扩张测度指标的基础上，提出面向城镇体系的城市扩张测度指标，立足土地利用图斑单元、栅格单元以及行政区划单元等尺度，构建城市扩张多维度 - 多尺度的测度指标体系。笔者参照城市扩张测度指标体系，结合土地利用转移矩阵、景观扩张指数、空间自相关和象限区位划分等空间分析方法，对不同空间尺度下武汉市的城市扩张规模、结构、扩张强度、扩张速率、扩张占地率、土地城镇化率、景观形态、集聚度等方面的特征值进行测度和分析。通过武汉市城镇建设用地规模结构变化、用地类型转换、扩张模式演化、景观形态演变以及空间分布格局分析，本章揭示了武汉市1996—2013年间的城市扩张时空演变特征与规律，并对不同城镇等级体系中城市扩张的区域差异性及空间相关性特征进行探讨。

第4章　基于 Auto-FSM-Logistic 回归模型的城市扩张空间驱动分析

4.1　城市扩张空间驱动要素分析

城市空间格局演变主要受自然环境和人类活动两类因素影响。从人类社会发展的历史来看，自然环境是城市形成和发展的必要条件，但自然环境具有较强的制约性，并具有累积性效应。对于较短时间段内土地利用空间格局的演变来说，除了地震、海啸等严重的自然灾害会对空间格局造成较大的影响外，人类活动对土地利用的作用力是导致空间格局变化的主要原因，如人口的迁移、社会经济的发展以及土地利用政策等。这些作用力既推动了土地利用的空间格局演变，又受到了空间变化后的结果的制约（钱敏，2013）。各类因素在空间上的分布或其空间化形式均会直接或间接地对城市扩张产生作用和影响，因此，城市扩张的空间驱动力分析成为城市规划布局理论与实践研究的重要内容。结合相关研究成果，本书将城市扩张空间驱动要素分为自然环境要素、社会经济要素和政策要素，其中自然环境要素主要表现为水土等自然基底资源的空间分布；社会经济要素主要表现为因城镇人口变化、城市产业结构演进、道路交通设施建设等带来的不同规模等级城镇的空间分布；政策要素则主要表现为各级政府制定的政策法规及具有强制执行性的空间规划等（罗媞 等，2014）。

4.1.1　自然环境要素

地形与水土资源分布是影响城市扩张的最主要自然环境因素。地形指地球表面的形态特征，包括高程、坡度等因子。地形是自然界中对人类影响最大的因素之一，也是决定土地利用的重要环境因子。地形差异是土地利用结构和空间分布格局分异的重要影响因子，特别是人为活动占优势的区域，地形特征通常被作为大尺度人为干扰活动地域分布格局的基本骨架（毛蒋兴 等，2008）。一般而言，平坦而地势较高的地形更有利于城市的发展，丘陵地带则对城市发展有较大限制。

水资源的分布状况、供应水平和水文环境对土地利用结构及其空间分布也具有重要影响。城市建设区域是生产、消费和居民较集中的地方，生产和生活用水较多。在缺水区域，由于水源限制以及自然环境对引水技术的制约，城镇多分布在供水充足且方便的地方，因此这些地方的聚居规模相对较大，居民点较密集；地下水位的深浅也会影响城市建设用地的分布格局，如地下水位浅且打井容易的地方居民点较小而分散；在多水区域，城市建设与开发则尽量避开低洼之地，选择地形较高的地方，同时避免城市建设对水体的破坏和对水源的污染。

4.1.2 社会经济要素

经济发展与产业变革是推进城市空间演变的内在驱动力。经济增长一方面促使劳动力（人口）向城镇转移，引发更多的厂房、住宅、交通、水利等建设用地需求，另一方面能有效提高城镇建设资金总量和社会发展基础，进而促进城市化发展和城市快速扩张（雷军 等，2005）。城市化的发展导致城市周边大量土地被征用，不少农田和农村居民点直接转变为城镇用地，由农村居民点用地置换出的土地指标为城市化发展提供了有力的建设用地保障（李晓刚 等，2006）。此外，城市化的发展会吸引经济收入水平较高的农户，引发大量人口由第一产业转向第二、第三产业的就业转移，先转移出来的农民群体陆续移居城镇，进一步加快农村城镇化进程。由此可见，人口与产业城市化发展对城市扩张的空间驱动作用可以通过不同等级城镇的空间分布对城市的作用程度来衡量。

与经济增长相匹配的城市道路交通的发展对于城市用地扩张的方向亦产生重大影响：在以水运为主的时代，城镇大多顺沿江海河流等主要交通运输线聚集；铁路出现后，城市沿铁路线轴向扩展；而现代快捷的交通运输方式如高速公路、高速铁路、航空等，则为城市空间及土地利用的演变提供了更多的选择。同时，交通工具和通信技术的发展对城市用地的空间布局产生了深刻影响。在交通工具不发达的步行马车时代，城市居民几乎都集中在城内，城市用地呈现紧凑、高密度的布局形式；电车的出现、私人小轿车的发展以及高速道路系统的建立则为城市居民在更大的范围内选择居住地提供了条件；而通过网络空间获取高速便捷联系的生活方式，可促使人们向更加远离城市中心的郊区迁移，城市土地利用与空间布局随之呈现分散化趋势（袁丽丽 等，2005）。

4.1.3 政策要素

政策是土地利用变化的导向因子，它对土地利用变化的影响最为直接（莫宏伟 等，2004）。在影响城市扩张的各类要素中，制度以及与之相适应的各项政策发挥着决定性作用，概括起来可分为两个层面：一是通过对工业化、城镇化的作用而间接地对城市扩张发挥作用，包括各项国家和区域范围内的社会经济发展政策；二是制定环境保护规划及交通网络规划等，通过对城镇建设用地供给数量以及空间配置提出要求或约束，直接影响城市扩张速度和模式。

规划是引导调控城市经济空间结构战略布局的重要途径，也是有效管理城市扩张的重要手段。在城市内部，城镇体系规划通过对城镇体系规模等级结构和职能结构的优化调整，对城镇的发展和城镇建设用地的演变起着决定性的作用（王宝刚，2005）。城镇体系规模等级结构优化主要通过市场经济手段和行政手段来进行，前者主要通过自身资源或产业优势，吸引人口及各种生产要素凝聚来提高发展实力，后者则是通过行政区划调整，如撤县设区、撤乡并镇等手段强制扩大城镇规模、提升城镇等级。由于行政手段快捷有效而成为目前主要的调控手段。在此基础上，根据不同规模等级城镇的特色与产业发展特点，对城镇体系职能结构进行优化调整，如完善中心城市的综合职能、强化（重点）中心镇的服务职能、发展特色城镇等，通过统筹考虑城镇建设时序，引导不同规模等级城镇的建设用地数量结构优化和空间合理布局。

4.2 城市扩张空间驱动力分析模型

随着3S技术的发展，基于空间单元（地块、栅格等）建立空间定量分析模型探究城市扩张或城镇用地演变的空间驱动模式，已经成为地理学和城市规划等领域的热点研究问题。城市扩张与用地变化的定量描述往往需要用到分类变量，即开发与不开发、转变与不转变等。Logistic回归分析作为一种对分类变量进行统计分析的方法，能有效判断对城市扩张产生影响的空间变量及其贡献大小，因而被广泛运用到城市扩张空间驱动力分析及扩张模拟等研究中。

4.2.1 传统 Logistic 回归模型

虽然多元线性回归模型在定量分析研究中是最常用的统计分析方法，但如果因变量是一个分类变量而不是连续变量，则需要运用 Logistic 回归模型来解决这一问题。多元 Logistic 回归基于数据抽样，研究因变量 y 取某个值的概率变量 P 与多个自变量 x_i 的依存关系，即确定自变量 x_i 在预测因变量 y 发生概率的作用和强度。目前，Logistic 回归分析已经成为土地利用复杂系统改变化研究中较为常用的一种方法。该模型设定 y 为0、1变量（其中0表示不发生，1表示发生），$x_1, x_2, \cdots, x_i, \cdots, x_n$ 为任意 n 个解释变量，$P = P(y=1|x_1, x_2, \cdots, x_n)$ 表示 y 发生的概率，则变量 y 关于变量 $x_1, x_2, \cdots, x_n$ 的 n 元 Logistic 回归模型可表示为：

$$\log it \, P = \ln\left(\frac{P}{1-P}\right) = \alpha + \sum_{i=1}^{n} \beta_i x_i \qquad （4-1）$$

式中，α 为常数项；β_i 为各解释变量的逻辑回归系数。此时概率 P 的非线性函数表达式为：

$$P = P(y=1|x_i) = \frac{\exp\left(\alpha + \sum_{i=1}^{n} \beta_i x_i\right)}{1 + \exp\left(\alpha + \sum_{i=1}^{n} \beta_i x_i\right)} \qquad （4-2）$$

式中，$\exp\left(\alpha + \sum_{i=1}^{n} \beta_i x_i\right)$ 为发生比率（odds ratio），可用来解释自变量的 Logistic 回归系数。由模型所得各变量的回归系数，表示其他所有自变量固定不变，某一

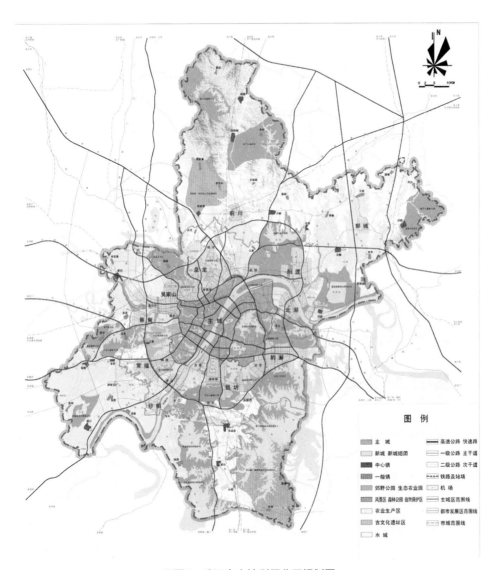

彩图1 武汉市土地利用分区规划图

图片来源:《武汉市土地利用总体规划（2006—2020年）》。

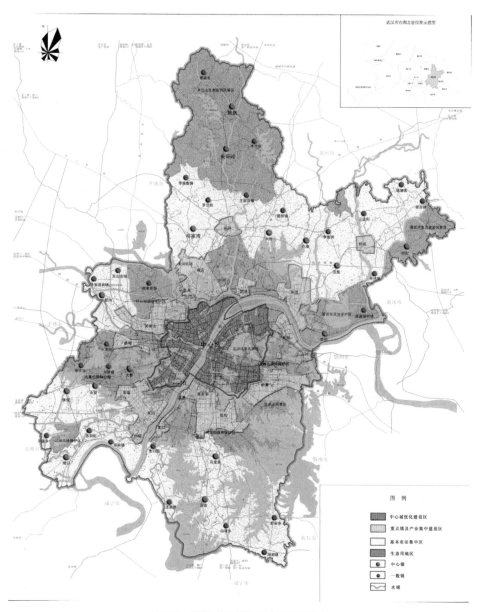

彩图2　武汉市市域空间分布规划图

图片来源:《武汉市城市总体规划（2010—2020年）》。

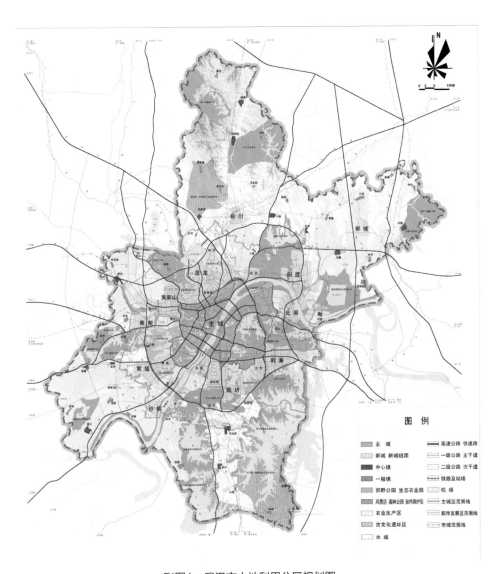

彩图1　武汉市土地利用分区规划图

图片来源：《武汉市土地利用总体规划（2006—2020年）》。

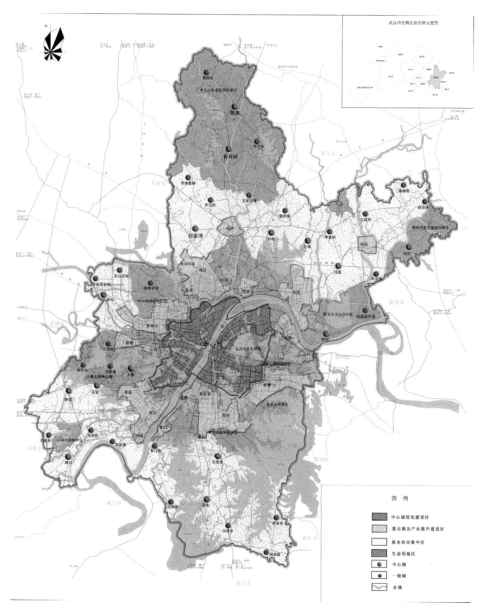

彩图2　武汉市市域空间分布规划图

图片来源：《武汉市城市总体规划（2010—2020年）》。

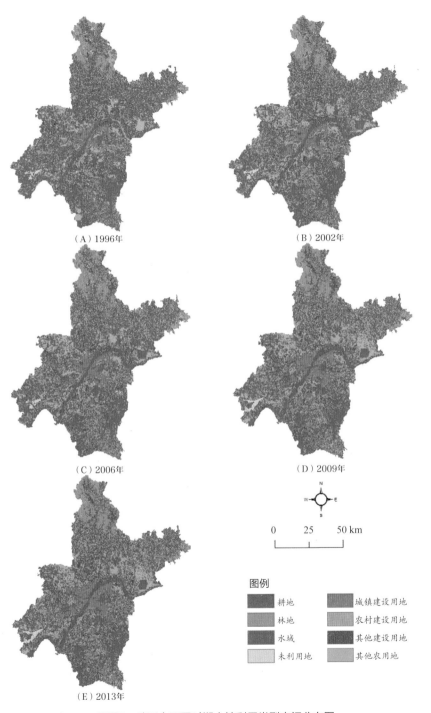

彩图3 武汉市不同时期土地利用类型空间分布图

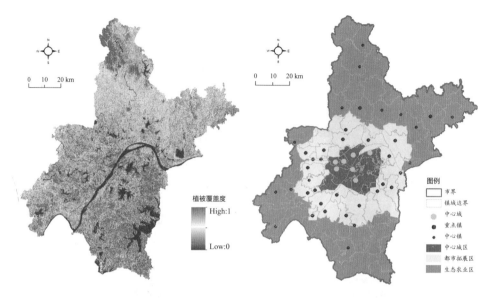

彩图4　武汉市植被覆盖度图　　彩图5　武汉市功能区与城镇等级体系分布图

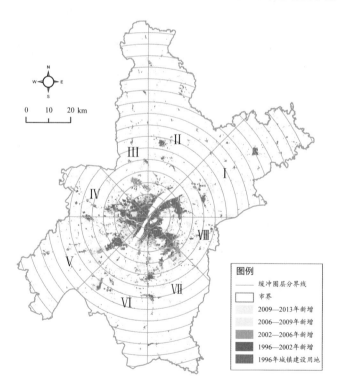

彩图6　武汉市不同时段城市扩张的象限与圈层分布图

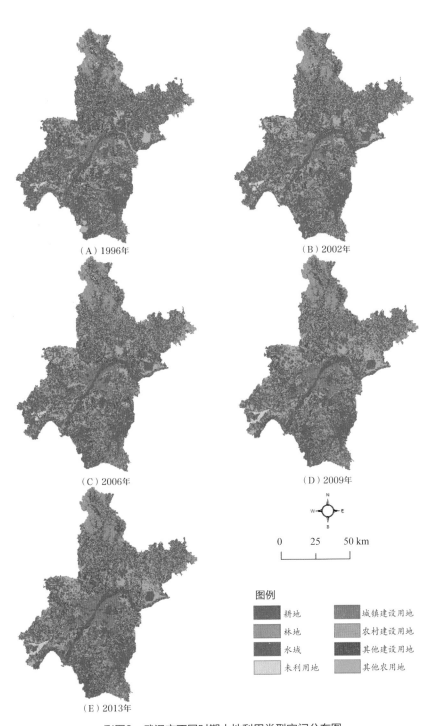

（A）1996年　　　　　　　　　（B）2002年

（C）2006年　　　　　　　　　（D）2009年

N
W　　E
S

0　　25　　50 km

图例

■ 耕地　　　　　　　　城镇建设用地

■ 林地　　　　　　　　农村建设用地

■ 水域　　　　　　　　其他建设用地

■ 未利用地　　　　　　其他农用地

（E）2013年

彩图3　武汉市不同时期土地利用类型空间分布图

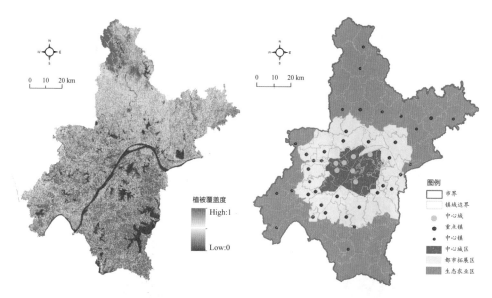

彩图4 武汉市植被覆盖度图　　彩图5 武汉市功能区与城镇等级体系分布图

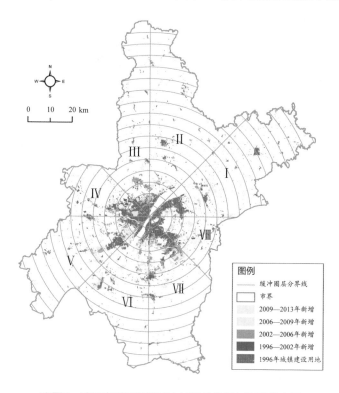

彩图6 武汉市不同时段城市扩张的象限与圈层分布图

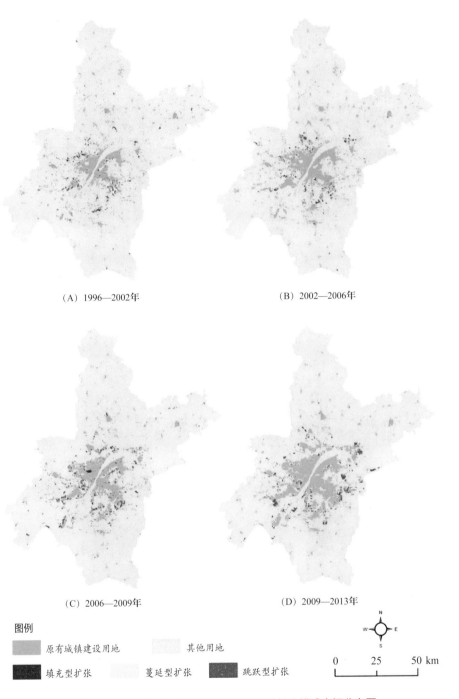

(A) 1996—2002年

(B) 2002—2006年

(C) 2006—2009年

(D) 2009—2013年

图例

原有城镇建设用地   其他用地

填充型扩张   蔓延型扩张   跳跃型扩张

0   25   50 km

彩图7 武汉市不同时段城镇建设用地三种扩张模式空间分布图

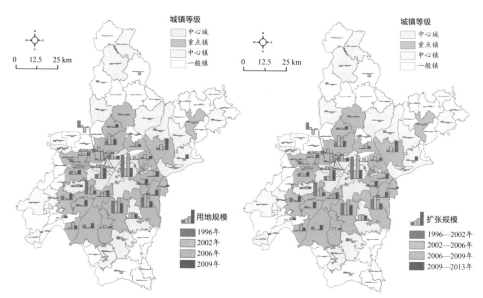

彩图8 武汉市不同等级镇域城市扩张占地比例与扩张规模

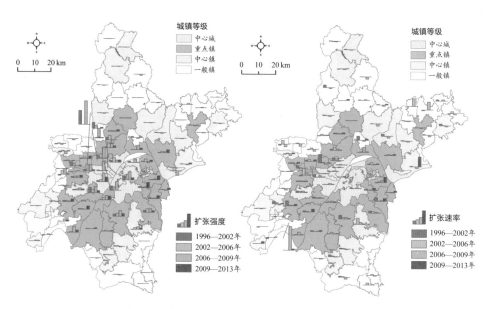

彩图9 武汉市不同等级镇域城市扩张强度与速率

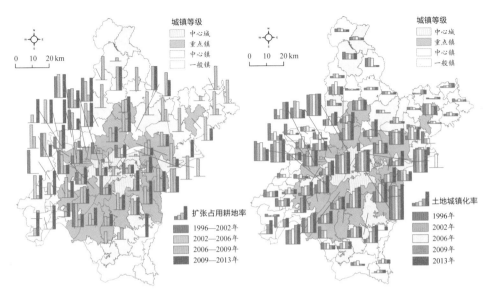

彩图10 武汉市镇域城市扩张占用耕地率　　彩图11 武汉市镇域土地城镇化率

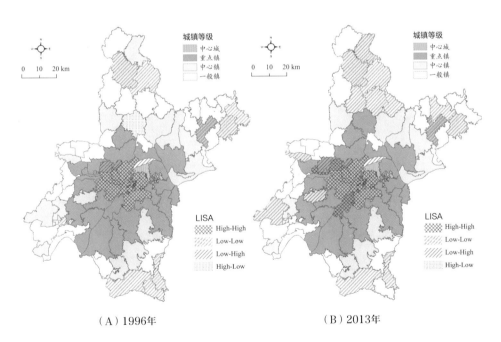

（A）1996年　　　　　　　　　　　　　（B）2013年

彩图12 1996年和2013年武汉市镇域城镇建设用地规模 LISA 集聚分布对比图

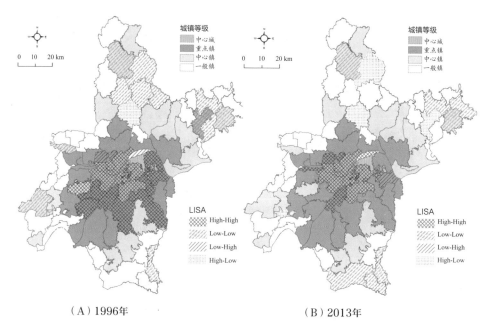

（A）1996年 　　　　　　　　　　　　　（B）2013年

彩图13　1996年和2013年武汉市镇域土地城镇化 LISA 集聚分布对比图

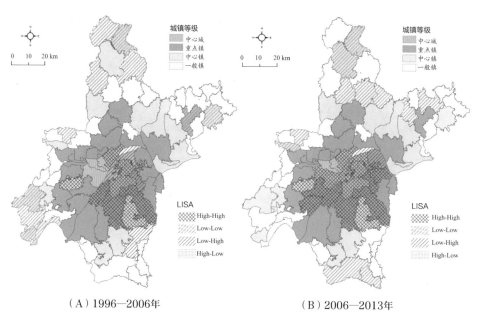

（A）1996—2006年 　　　　　　　　　　（B）2006—2013年

彩图14　不同时段武汉市镇域城市扩张规模 LISA 集聚分布对比图

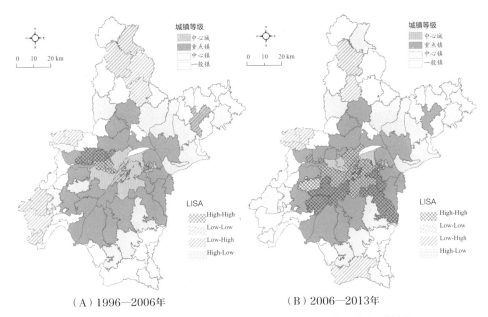

彩图15　不同时段武汉市镇域城市扩张强度 LISA 集聚分布对比图

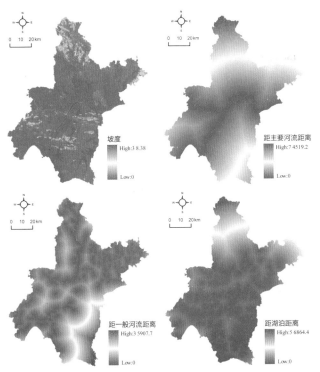

彩图16　武汉市城市扩张的自然环境区位驱动变量分布图

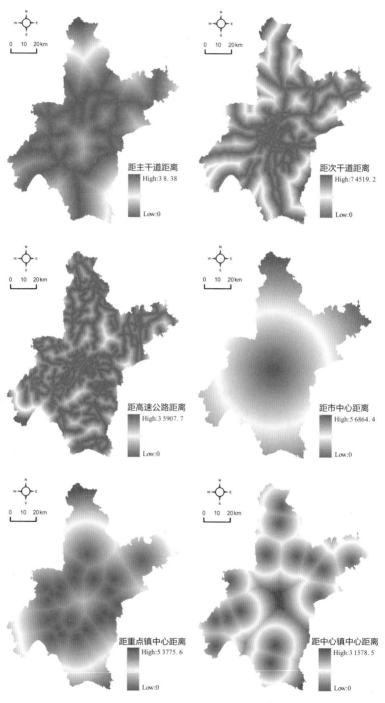

彩图17 武汉市城市扩张的社会经济区位驱动变量分布图

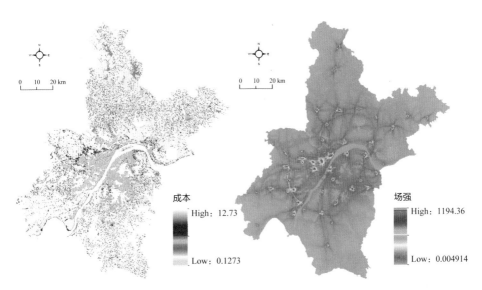

彩图18　武汉市城镇辐射通行成本分布图　　　　　彩图19　武汉市城镇辐射场强分布图

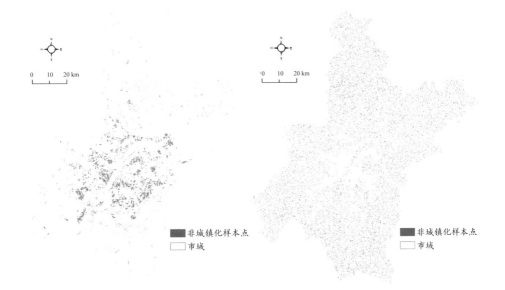

彩图20　武汉市城市扩张驱动力分析样本采集栅格图

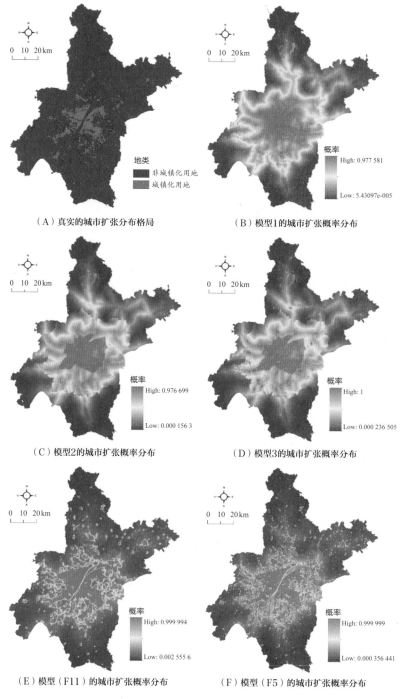

彩图21　武汉市2006—2013年间城市扩张分布格局与扩张模拟概率分布图

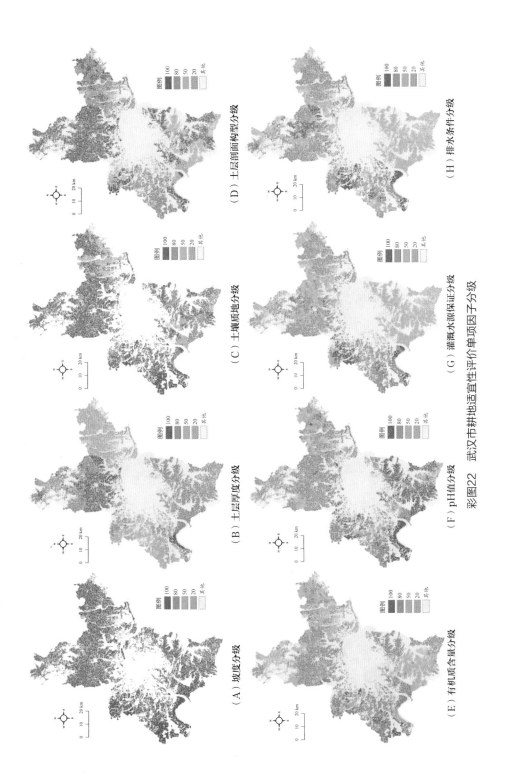

（A）坡度分级　　　　　（B）土层厚度分级　　　　　（C）土壤质地分级　　　　　（D）土层剖面构型分级

（E）有机质含量分级　　　（F）pH值分级　　　　　（G）灌溉水源保证分级　　　　（H）排水条件分级

彩图22　武汉市耕地适宜性评价单项因子分级

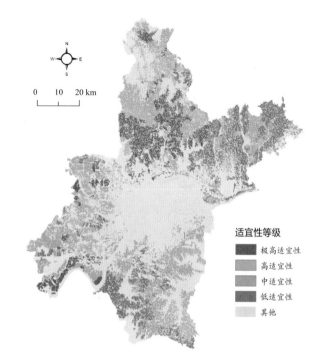

彩图23　武汉市耕地适宜性分级图

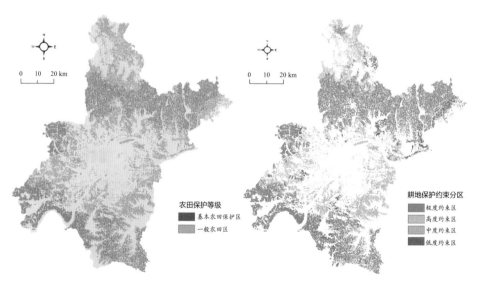

彩图24　基本农田保护区耕地分布图　　　彩图25　武汉市耕地保护约束格局图

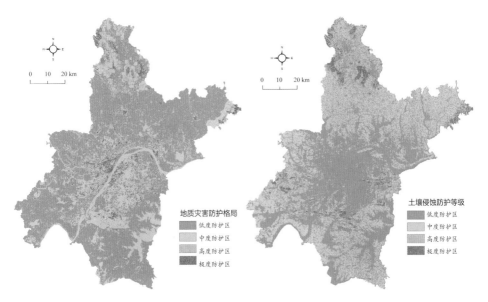

彩图26 武汉市地质灾害防护格局图　　　　彩图27 武汉市土壤侵蚀防护格局图

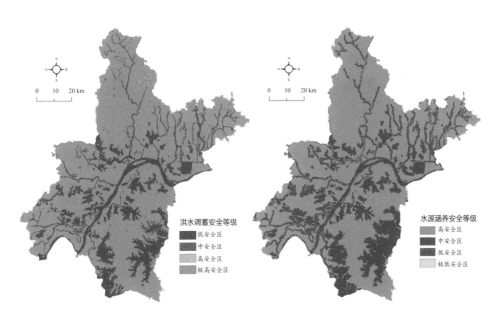

彩图28 武汉市防洪调蓄安全格局图　　　　彩图29 武汉市水源涵养安全格局图

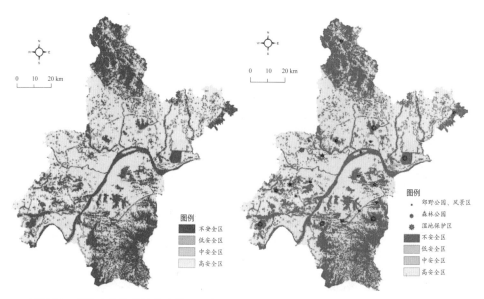

彩图30　武汉市生物保护分布格局图　　　彩图31　武汉市综合游憩安全分布格局图

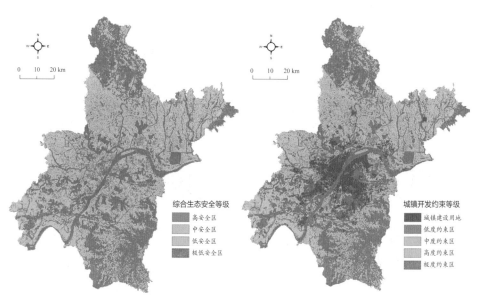

彩图32　武汉市综合生态安全格局图　　彩图33　武汉市城镇扩张生态约束空间分布格局图

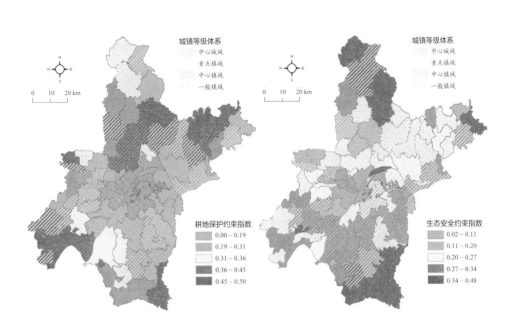

（A）耕地保护约束指数空间分布图　　　（B）生态安全约束指数空间分布图

彩图34　武汉市城市扩张约束指数空间分布格局图

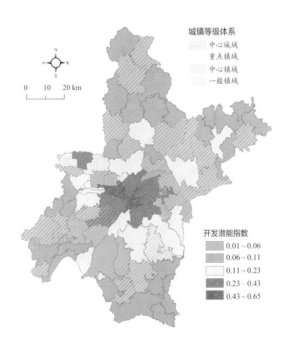

彩图35　武汉市城市扩张潜能空间格局图

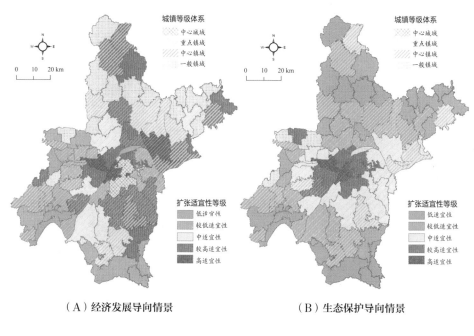

（A）经济发展导向情景　　　　　　（B）生态保护导向情景

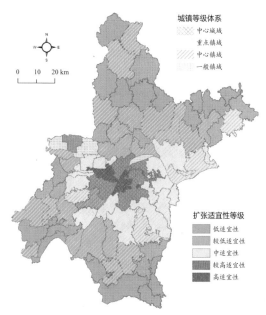

（C）生态—经济协调情景

彩图36　不同情景下武汉市各镇域城市扩张适宜性等级空间分布格局图

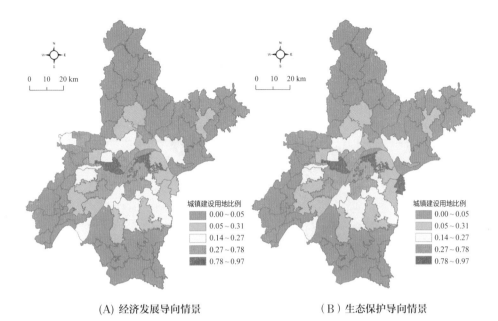

(A) 经济发展导向情景　　　　　　　（B）生态保护导向情景

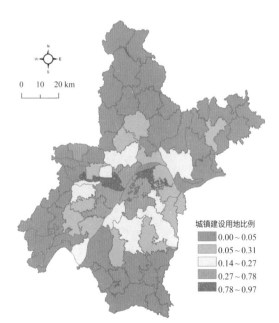

（C）生态—经济协调情景

彩图37　武汉市不同情景下城镇建设用地配置模拟分布图

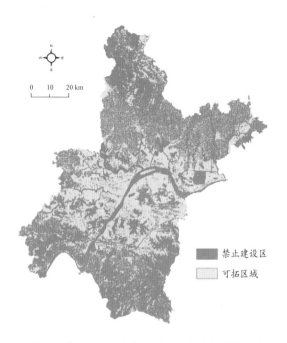

彩图38　武汉市2006年城镇建设用地空间约束分布图

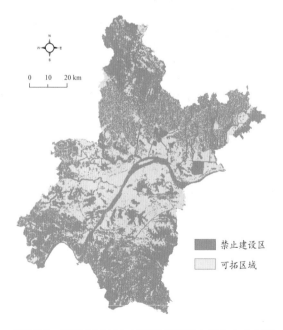

彩图39　武汉市2013年城镇建设用地空间约束分布图

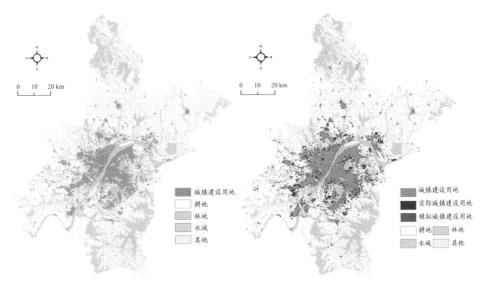

（A）2013年城镇建设用地空间分布　　　　（B）2013年城镇建设用地规模约束情景模拟

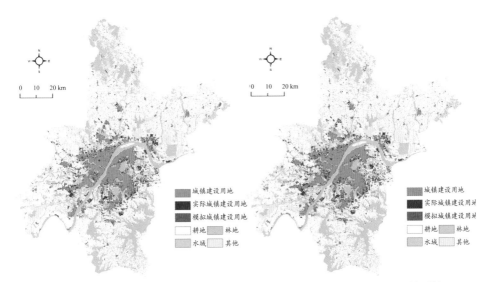

（C）2013年城镇建设用地底线控制情景模拟　　　（D）2013年城镇建设用地政府引导情景模拟

彩图40　2013年武汉市城市扩张模拟与现实对比

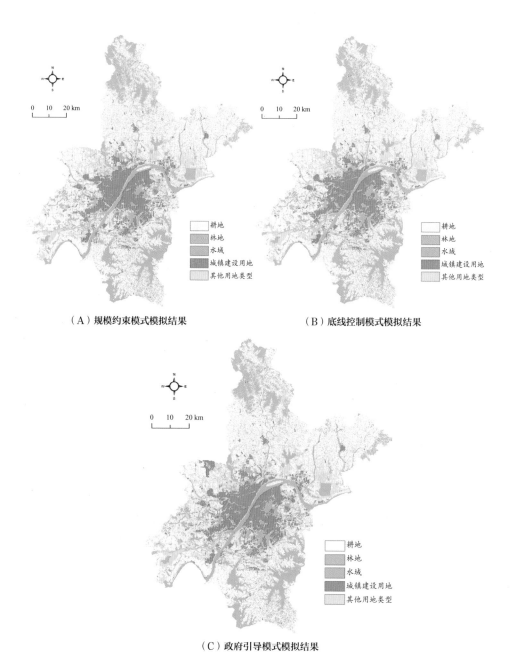

（A）规模约束模式模拟结果

（B）底线控制模式模拟结果

（C）政府引导模式模拟结果

彩图41　武汉市2020年城镇建设用地空间扩张情景模拟结果

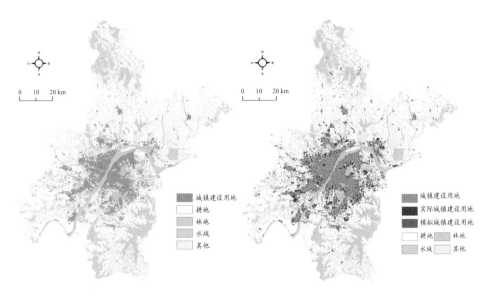

（A）2013年城镇建设用地空间分布　　　　　（B）2013年城镇建设用地规模约束情景模拟

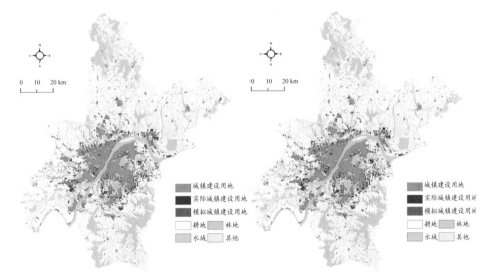

（C）2013年城镇建设用地底线控制情景模拟　　　（D）2013年城镇建设用地政府引导情景模拟

彩图40　2013年武汉市城市扩张模拟与现实对比

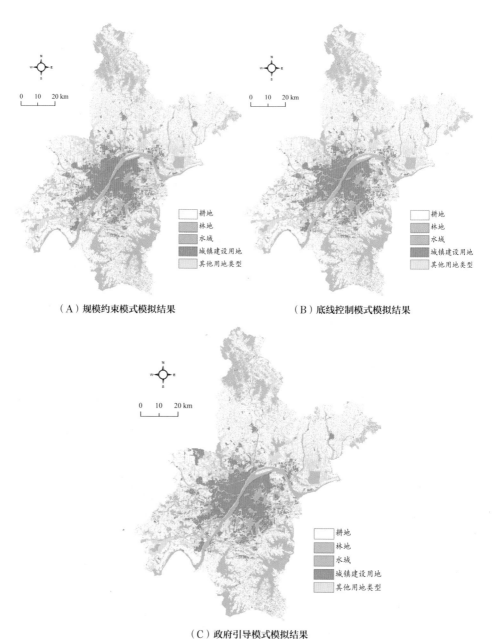

（A）规模约束模式模拟结果　　　　　　　（B）底线控制模式模拟结果

（C）政府引导模式模拟结果

彩图41　武汉市2020年城镇建设用地空间扩张情景模拟结果

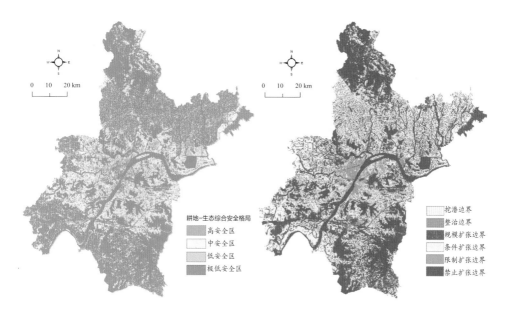

彩图42 武汉市耕地—生态综合安全格局图　　彩图43 武汉市城市扩张边界图

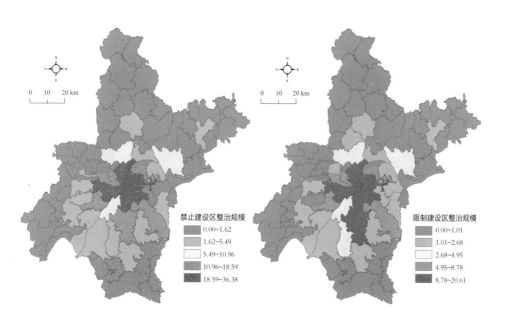

彩图44 武汉市城镇建设用地整治规模分布图

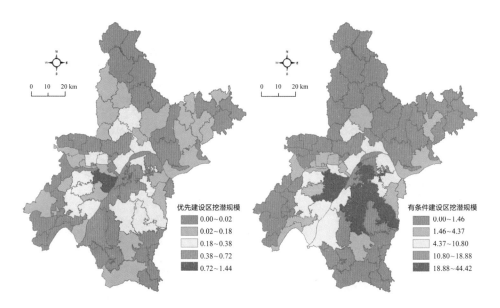

优先建设区挖潜规模
- 0.00~0.02
- 0.02~0.18
- 0.18~0.38
- 0.38~0.72
- 0.72~1.44

有条件建设区挖潜规模
- 0.00~1.46
- 1.46~4.37
- 4.37~10.80
- 10.80~18.88
- 18.88~44.42

彩图45　武汉市城镇建设用地挖潜规模分布图

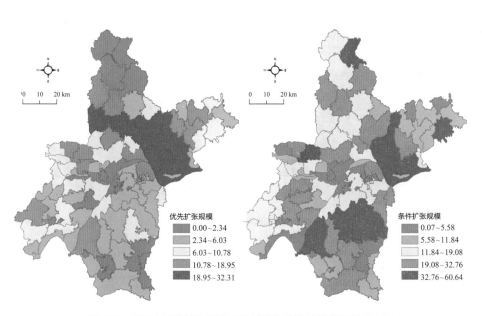

优先扩张规模
- 0.00~2.34
- 2.34~6.03
- 6.03~10.78
- 10.78~18.95
- 18.95~32.31

条件扩张规模
- 0.07~5.58
- 5.58~11.84
- 11.84~19.08
- 19.08~32.76
- 32.76~60.64

彩图46　武汉市城镇建设用地优先扩张与有条件扩张规模分布图

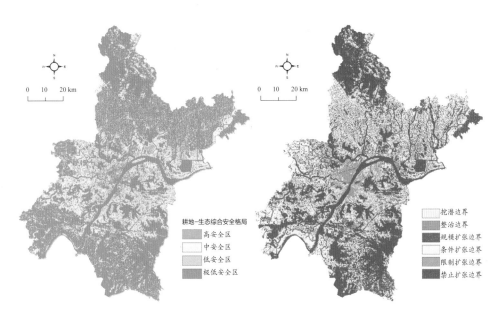

耕地-生态综合安全格局
高安全区
中安全区
低安全区
极低安全区

挖潜边界
整治边界
规模扩张边界
条件扩张边界
限制扩张边界
禁止扩张边界

彩图42　武汉市耕地—生态综合安全格局图　　　彩图43　武汉市城市扩张边界图

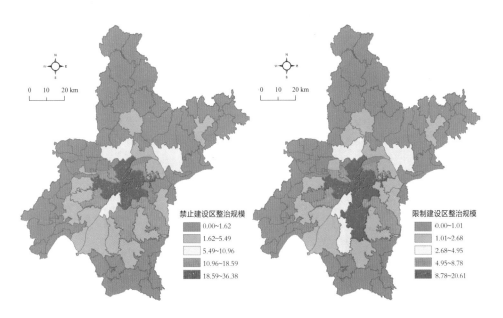

禁止建设区整治规模
0.00~1.62
1.62~5.49
5.49~10.96
10.96~18.59
18.59~36.38

限制建设区整治规模
0.00~1.01
1.01~2.68
2.68~4.95
4.95~8.78
8.78~20.61

彩图44　武汉市城镇建设用地整治规模分布图

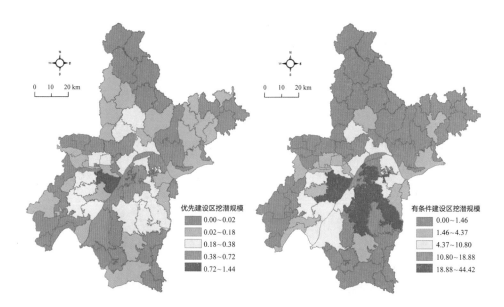

彩图45　武汉市城镇建设用地挖潜规模分布图

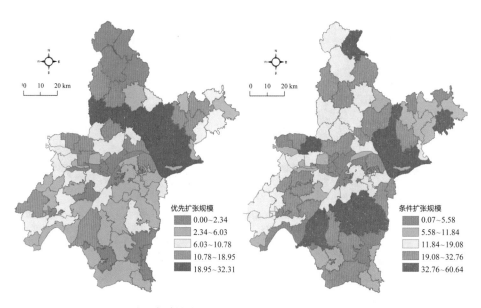

彩图46　武汉市城镇建设用地优先扩张与有条件扩张规模分布图

因素改变一个单位时，效应指标即因变量发生与不发生事件的概率之比的对数变化值，其中正值表示解释变量每增加一个单位值时发生比会相应增加；反之，回归系数为负则说明解释变量每增加一个单位值时发生比会相应减少（谢花林，2011）。

4.2.2　FSM-Logistic 回归模型

传统 Logistic 回归分析中对于变量的设定主要基于空间单元的自然与社会经济区位条件，比如选取空间单元所在地的高程、坡度及其与邻近河流、湖泊等地物的最近距离来反映自然地理要素对该单元是否发生用地变化的作用，而距市（镇）中心、工商业中心和道路设施等的最近距离则可反映社会经济区位对该单元是否发生用地变化的作用；也有部分研究将人口密度及其他社会经济指标通过插值方法归入空间解释变量。但政策要素对城市扩张的影响极少被纳入。依据前面章节中对影响城市扩张的政策因素的剖析，本书拟运用场强模型（Field Strength Model）定量描述城镇体系规划对空间单元的作用，构建 FSM-Logistic 回归模型。

场强模型是引力模型的衍生模型，在缺乏区间社会经济要素流动具体统计数据的情况下，场强模型是城镇空间结构和相互作用研究的有力工具（韩艳红 等，2014）。场强作为引力概念的延伸，可用于描述一定区域范围内某一空间单元受周围城镇辐射作用的强弱，即某地的城镇作用场强是区域内所有城镇对该单元辐射作用的总和（黄金川 等，2012）。场强模型计算公式为：

$$F_j = \sum_{i=1}^{n} \frac{M_i}{D_{ij}^b} \tag{4-3}$$

式中，F_j 为区域内空间单元 j 受所有城镇作用的场强；M_i 为城镇 i 的规模（或质量）；D_{ij} 为区域内空间单元 j 到城镇 i 的距离；n 为城镇数量；b 为距离摩擦系数，反映城镇作用场强相对于距离的敏感程度，取常数。需要指出的是，上述公式是以区域内任意空间单元接受城镇辐射的机会均等为假设前提，而现实中的城镇辐射往往因为河流、山脉等自然边界或行政边界等障碍快速衰减或阻断（许学强 等，1997），也可能沿快速道路迅速增强。因此，城镇辐射并不依空间直线距离简单平滑递减，而是选择阻力最小路径传播到区域内任意空间单元，而距某城镇同等直线距离的空间单元，所接受的辐射程度也会因阻力不同而存在差异（吴茵 等，2006）。若将城镇辐射传播过程中克服阻力的水平用各点通行成本的累积耗费来描述，则 D_{ij} 可由空间单元 j 到达城镇 i 的累积成本距离替代直线距离。首先根据空间单元 j 的通行成本，计算该单元的加权阻力，再运用成本距离加权分析，计算各空间单元到达各城镇的加权阻力，最后运用累积成本距离算法计算各空间单元穿越其他空间单元到达各城镇的累积成本距离。当空间单元 j 是以 m 为边长的规则四边形栅格时，则通行成本的计算公式（张晨曦，2012）如下：

$$A_j = \frac{\sqrt{2}m}{V_j} \tag{4-4}$$

式中，A_j 为栅格单元 j 的通行（时间）成本，单位为分（min）；$\sqrt{2}m$ 表示经过每个栅格的通行距离；V_j 为通行速度，以平均出行1 km 需要的时间为计。在此基础上，加权阻力的计算公式可记为：

$$C_j = \sum_{k=1}^{n} W_k A_{jk} \tag{4-5}$$

式中，C_j 为栅格单元 j 的加权阻力；A_{jk} 为栅格单元 j 第 k 个阻力因子的通行成本；W_k 为第 k 个因子的权重；n 为阻力因子的总数。

累积成本距离算法是将栅格数据抽象成图（见图4-1）的一种计算方法，设定空间单元 j 移动到其相邻的空间单元 $j+1$ 所需的累积成本等于空间单元 j 的通行成本加上穿越这两个单元所需要的平均成本，其公式为：

$$C_A = \begin{cases} \frac{1}{2}\sum(C_j + C_{j+1}) \\ \frac{\sqrt{2}}{2}\sum(C_j + C_{j+1}) \end{cases} \tag{4-6}$$

式中，C_j 为栅格单元 j 的通行成本；C_{j+1} 为穿越栅格单元 $j+1$ 的通行成本；上分式表示从 j 沿水平或垂直方向穿越到 $j+1$ 的累积成本，下分式表示 j 沿对角线方向穿越到 $j+1$ 的累积成本。

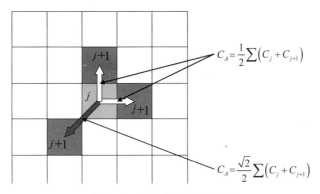

图4-1　累积成本距离示意图

资料来源：Adriaensen et al.，2003。

基于传统 Logistic 回归模型的假设，对于城市空间扩张中的任意一个空间单元 j，将其发生转换（$y=1$）的概率记为 P_j，其表达式可记为：

$$P_j = P_j\left(y=1\big|x_i,F_j\right) = \frac{\exp\left(\alpha + \sum_{i=1}^{n}\beta_i x_i + \delta F_j\right)}{1 + \exp\left(\alpha + \sum_{i=1}^{n}\beta_i x_i + \delta F_j\right)} \qquad (4\text{-}7)$$

则 FSM-Logistic 回归模型可表达为：

$$\text{logit}\,P_j = \ln\left(\frac{P_j}{1-P_j}\right) = \alpha + \sum_{i=1}^{n}\beta_i x_i + \delta F_j \qquad (4\text{-}8)$$

式中，δ 为空间场强变量的系数，其他同式（4-1）、式（4-2）。

4.2.3　Auto-FSM-Logistic 回归模型

传统 Logistic 回归分析的前提是数据之间相互独立，但受空间相互作用和空间扩散的影响，土地利用空间数据之间往往存在较强的空间依赖关系，即空间自相关（马林兵 等，2011）。如果采用传统的 Logistic 回归模型来对城镇用地扩张影响因子进行回归分析，则模型拟合残差有可能存在较强的相关性（王祺 等，2014），所得模型可能因此被拒绝用做推断的基础（吴桂平 等，2008）。为消除空间自相关效应在空间统计分析中的影响，贝萨格（Besag）首先提出 Auto-Logistic 回归模型（Besag，1974），以空间权重的形式引入空间自相关变量对传统 Logistic 回归模型进行修正。基于 FSM-Logistic 回归模型的假设，Auto-FSM-Logistic 回归模型通过一定的方式对空间数据中的栅格 i 与其他栅格的空间关系进行定义，并引入条件概率 P_i 的表达式：

$$P_i = \frac{\exp\left(\alpha + \beta X + r\sum_{j=1}^{m} y_i w_{ij}\right)}{1 + \exp\left(\alpha + \beta X + r\sum_{j=1}^{m} y_i w_{ij}\right)} \qquad (4\text{-}9)$$

式中，X 为 FSM-Logistic 回归模型中影响 y_i 取值的一系列解释变量构成的向量；y_i 为栅格 i 的二元响应变量；α、β 为系数；w_{ij} 为栅格 i 与栅格 j（$j \neq i$）的空间权重；r 是与空间权重相对应的系数，当 $r = 0$ 时，该模型退化为传统 Logistic 回归模型；m 为栅格 j 的数量。根据托布勒（Tobler）的地理学第一定律（Tobler，1970），空间数据的相关性揭示空间数据的一种自然分布模式，即两个靠近点的属性值比两个分离点的属性值具有更强的相关性，可根据栅格间相邻状态和距离函数等方式构建空间权重矩阵（夏添 等，2013），进而计算空间权重值。本书运用反距离权重法给予定义，即取栅格间距离的倒数来表示空间栅格 i 和 j 的距离，则空间权重函数 W_{ij} 可设定为：

$$W_{ij} = \begin{cases} \dfrac{1}{D_{ij}}, & D_{ij} < d \\[2mm] 0, & D_{ij} \geqslant d \end{cases} \qquad (4\text{-}10)$$

式中，D_{ij} 为区域内空间单元 j 到城镇 i 的距离；d 为给定的距离阈值。

4.2.4 模型检验

Logistic 回归系数并不反映各自变量对因变量发生的重要性，在运用相关软件如 SPSS、SAS 等进行多元 Logistic 回归分析时，通常采用 Wald 统计量表示模型中每个解释变量的相对权重，用以评价每个解释变量对效应指标预测的贡献力。Logistic 回归模型运行完成，需检验模型的拟合优度，目前的检验指标包括皮尔逊 χ^2、偏差 D、HL 指标和 ROC 曲线等。本书采用简便易行的 ROC 曲线进行检验。

ROC 曲线（receiver operating characteristic curve），又称感受性曲线，是反映敏感性和特异性连续变量的综合指标。敏感性（sensitivity）表示将实际的1正确预测为1的概率。特异性（specificity）指将实际的0错误地预测为1的概率。通过构图法揭示敏感性和特异性的相互关系，绘制成 ROC 曲线（见图4-2）即可判断模型诊断准确性的高低。一般而言，ROC 曲线可将坐标系中的对角线作为阈值，在对角线上方的曲线预测效果较好，且 ROC 曲线越远离对角线，即 ROC 曲线下方面积（area under the ROC curve，AUC）越大，预测准确性越高。

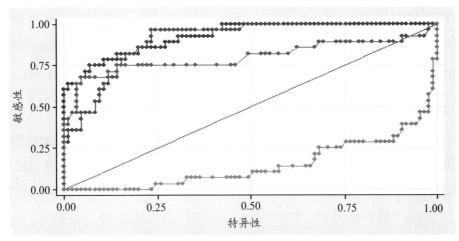

图4-2 Logistic 回归的 ROC 曲线示例

此外，为更精确地检验回归效果，可以将回归系数代入概率计算公式，通过 ArcGIS 的栅格计算工具模拟城市扩张概率的空间分布，在此基础上，运用 Kappa 系数对比城市扩张空间格局的真实分布和模拟分布，可找出最优模拟模型。对于两幅栅格图，Kappa 系数的计算公式（Cohen，1968；张杰 等，2009）如下：

$$K = \frac{P_o - P_c}{1 - P_c} \tag{4-11}$$

$$P_o = \frac{s}{n} \tag{4-12}$$

$$P_c = \frac{a_1 \times b_1 + a_0 \times b_0}{n \times n} \tag{4-13}$$

式中，K 为 Kappa 系数，取值范围为 $[-1, 1]$；P_o 为观测一致率；P_c 为期望一致率；n 为栅格像元总数；a_1 表示真实栅格值为1的像元数；a_0 表示真实栅格值为0的像元数；b_1 表示模拟栅格值为1的像元数；b_0 表示模拟栅格值为0的像元数；s 为两个栅格对应像元值相等的像元数。

4.3 武汉市城市空间扩张驱动机理分析

Logistic 回归模型的应用一方面有助于揭示城市扩张的空间驱动因素及其作用机制，另一方面则能为城市扩张动态模拟提供数据支撑，模型拟合程度越高，城市扩张模拟效果越好。基于此，本书分别运用传统 Logistic 回归模型、引入场强变量的 FSM-Logistic 回归模型和同时引入场强变量、空间自相关变量的 Auto-FSM-Logistic 回归模型对武汉市2006—2013年间的城市扩张空间驱动力进行定量分析。

4.3.1 变量选取与设置

在综合分析考察研究期武汉市自然环境条件、社会经济发展状况以及城市空间规划战略实施的基础上，基于数据的可获取性、影响因素的全面性与区域的差异性等原则，本研究共选取四大类共13个影响武汉市城市扩张的空间变量（见表4-1）。根据不同 Logistic 回归模型的要求，分别对具体变量进行如下设置。

表4-1　城市扩张的空间驱动变量

变量类型	变量指标	变量意义
自然环境区位因子	坡度（x_1）	反映自然地理环境以及主要生态用地对城市扩张的作用和影响
	距主要河流距离（x_2）	
	距一般河流距离（x_3）	
	距湖泊距离（x_4）	
社会经济空间区位因子	距主干道距离（x_5）	反映不同等级道路对城市扩张的吸引程度
	距次干道距离（x_6）	
	距高速公路距离（x_7）	
	距市中心距离（x_8）	反映不同等级城镇化区域对城市扩张的吸引程度
	距重点镇距离（x_9）	
	距中心镇距离（x_{10}）	
政策驱动因子	城市空间总体布局（x_{11}）	反映城市空间发展战略对城镇用地扩张的综合作用
	城镇体系规划作用强度（x_{12}）	反映不同等级城镇辐射作用对城镇用地扩张的影响
空间自相关因子	空间权重值（x_{13}）	反映城市扩张中各空间单元的邻域作用

1. 空间区位变量

由于武汉市地处江汉平原地区，地貌特征主要表现为有一定的地表起伏度，因此本书仅选取坡度作为自然环境区位因子中的地形地貌特征变量。一般而言，坡度越大的空间单元对工程技术和建设成本的要求越高，也就越难以转为城镇建设用地。武汉市水资源丰富，河流与湖泊众多。水资源既是城市开发建设过程中的基础资源，也是基于生态保护对城镇建设具有限制作用的约束要素，因此本书选取各空间单元距主要河流、一般河流和湖泊的距离，作为影响武汉市城市扩张的资源与环境特征变量。彩图16显示了武汉市城市扩张的自然环境区位驱动变量的分布。

不同等级的道路对城镇的形成和城市扩张具有不同程度的吸引作用，因此本书选取与不同等级道路的距离作为反映武汉市道路交通发展对城市扩张的驱动变量。由于铁路具有较强的封闭性，且在武汉市内停靠的站点极少，因此，本书仅考虑高速公路、主干道和次干道的影响。城镇聚落的形成和发展是城镇用地扩张的基础，不同等级的城镇对城市扩张具有不同的吸引作用，基于此，本书选取距市中心以及不同等级城镇中心的距离作为反映不同等级城镇对城市扩张的驱动变量。彩图17显示了武汉市城市扩张的社会经济区位驱动变量的分布。

如前所述，城市空间发展战略对区域内各空间单元转变为城镇建设用地具有一定的政策性影响，本书根据武汉市城市空间总体布局，对于分属于中心城区、都市发展区和远郊区的各空间单元依次赋值为3、2、1，量化区分城市空间发展战略对城市扩张的政策导向作用。

2. 城镇辐射场强变量

城镇规模（或质量）的确定直接影响到各空间单元场强的计算。为客观反映各城镇综合规模（李震 等，2006；黄金川 等，2012；韩艳红 等，2014），同时考虑计算的简便，基于数据的可获取性和权威性，本书选取2010年各乡镇单元城镇人口规模、地方财政收入作为衡量城镇社会经济发展实力的指标，对数据做极差标准化处理后，按等权重计算城镇社会经济实力评价值，同时依据不同城镇所属的城镇等级进行量化赋分，依次按中心城区、重点镇、中心镇和一般镇分别赋值为400、300、200、100，最终以各个城镇社会经济实力评价值与城镇体系规划战略作用系数的乘积作为其综合城镇规模（M_j）。

　　土地类型和交通条件是影响城镇辐射的主要因素，故选取地类和道路的通行成本作为城镇辐射的阻力因子。依据场强模型原理，本书主要用不同地类和道路的通行速度来衡量其通行成本。一般而言，交通用地和城镇建设用地因具备良好的通行条件，所需通行成本相对较低，而水域和农用地等地类则需要较高的通行成本；依据《中国城市道路工程设计规范》（CJJ 37—2012）中各级道路的设计速度可知，不同等级道路通行速度也存在差异。参考相关研究成果（钟业喜 等，2010；潘竞虎 等，2014），并按照式（4-4）进行计算，则可得武汉市各级道路和不同地类的通行成本（见表4-2、表4-3）。考虑到武汉市地类通行成本的影响大于道路，本书对地类和道路通行成本分别取权重0.6和0.4，运用 ArcGIS 栅格计算工具按式（4-5）对两大阻力面图层进行叠加计算，可得各栅格单元的加权阻力，获取武汉市基于加权阻力的城镇辐射通行成本（C_j）分布图，即彩图18。

表4-2　武汉市各级道路的通行成本

道路等级	高速路			主干道			次干道		
设计速度 /km·h⁻¹	100	80	60	60	50	40	50	40	30
通行成本 /min	0.13			0.21			0.25		

表4-3　武汉市不同地类的通行成本

土地利用类型	交通设施用地	城镇用地	农村居民点	农用地	水域
通行速度 /km·h⁻¹	30	20	15	10	1
通行成本 /min	0.42	0.64	0.85	1.27	12.73

　　依据累积成本距离算法原理，通过 ArcGIS 中的 Cost Distance 工具计算任意栅格单元到达各城镇中心的累积成本距离（D_{ij}），对于距离摩擦系数 b，取标准值2.0，将所有系数代入式（4-3）计算任意栅格单元所接受的来自各城镇的辐射量。彩图19显示了武汉市城镇辐射场强的分布。由图可见，武汉市城镇辐射场强的分布依托城市交通网络分布，以不同等级城镇为中心由强变弱，不断扩散至周边。总体而言，各乡镇辐射能力及辐射范围随城镇等级的降低而降低或缩小。

3. 空间自相关变量

邻域是表述不同空间单元之间如空间集聚或空间排斥等关系的重要概念。每一个空间单元是否发生变化会受到周边一定范围内其他空间单元状态的影响，也就是邻域效应。由此可知，计算空间自相关变量时，不仅要考虑到任意空间单元与邻近单元的距离，还有必要考虑邻域空间范围的设置。在不同半径的邻域范围内计算所得的空间自相关函数值不同，对 Auto-Logistic 回归结果的影响也可能不同。因此，本书选取半径为1~12的邻域来计算空间自相关变量，并分别代入 Auto-Logistic 回归模型中进行分析，一方面验证空间自相关变量在回归分析中的影响，另一方面根据不同尺度变量的回归效果，为基于回归分析的城市空间扩张模拟提供邻域范围的选取依据。

空间自相关变量的计算主要通过 ArcGIS 平台的邻域分析工具 Focal Statistics 实现，对于武汉市2006—2013年间城镇用地与非城镇用地转换地类，根据反距离权重法，分别计算3×3、5×5、…、23×23邻域内的空间自相关权重值。

4.3.2 数据处理与抽样

多元 Logistic 回归分析基于数据抽样，且对于抽样观测数据，要求因变量为0和1的样本观测点具有相同的数量，不相等的抽样比例不会影响解释变量在回归模型的系数估计，但会影响模型常数项的取值，因此，数据抽样是一个关键步骤。为尽量消除数据抽样的主观性，本书运用分层随机抽样方法选择样本点。通过 ArcGIS 10.1 平台抽样的具体步骤如下：

（1）根据2006年和2013年两期土地利用现状矢量图中地类属性，将土地类型划分为城镇用地和非城镇用地两种，通过数据叠加对两期数据中城镇用地转换情况进行属性赋值。因为假设城镇扩张具有不可逆性，故将基期城镇建设用地视为不变，不将其作为观测点，只对城镇建设用地中非城镇用地转为城镇用地（称为城镇化用地）赋值为1，非城镇用地不变（称为非城镇化用地）则赋值为0。利用 Conversion 工具将土地利用转换图转成150 m×150 m 的栅格图层。

（2）由于城镇化用地与非城镇化用地的数量相差悬殊，本书先对城镇化用地栅格进行抽样。结合 Create Random Raster 工具创建随机整数栅格图层，对城镇化用地全样本数量按照60%的比例抽取有效栅格10 689个作为随机样点。依据等量抽样原则，对非城镇化用地的全样本数量按照5%的比例抽取12 178个随机样点（见彩图20）。

（3）最后运用 Sample 工具分别提取城镇化用地和非城镇化用地的相关空间变量数据，将数据导入 SPSS 软件进行整理，剔除极少数无效样点，在保证城镇化用地和非城镇化用地观测样点数量相当的前提下，最终参与回归分析的观测样点为22 524个。

4.3.3 模型应用与检验

为方便对不同模型的研究结果进行对比，本书将只考虑自然环境和社会经济空间区位因子的传统 Logistic 回归模型记为模型1，将纳入城市空间总体布局变量的传统 Logistic 回归模型记为模型2，在此基础上将纳入场强变量的 FSM-Logistic 回归模型记为模型3；另外，将纳入依不同邻域范围计算的空间自相关变量的 Auto-FSM-Logistic 回归模型分别记为模型（F3）、模型（F5）、…、模型（F23）。在回归分析之前，对各变量之间的相关性进行检验，结果显示在显著性水平为0.000的情况下，各有效变量之间的相关性系数均接近0，可进入回归分析（见表4-4）。运用 SPSS 中的二元回归分析工具对不同模型数据进行分析，具体结果如下：

模型1、模型2、模型3的 ROC 曲线下面积（见图4-3、表4-5）依次增加，说明政策影响因素包括城市空间总体布局（x_{11}）和体系规划作用强度（x_{12}）进入回归分析，有利于更好地解释武汉市城市扩张的驱动机制。对比模型1、模型2、模型3中不同变量的回归系数及 Wald 统计量可知，社会经济区位因子对城镇用地扩张的影响明显大于自然环境区位因子，其中距主干道距离（x_5）、距重点镇距离（x_9）、距市中心距离（x_8）在回归模型中具有突出的解释作用。自然环境区位因子中坡度（x_1）对于武汉市城市扩张亦有较强的影响。

对比引入空间自相关变量的 Auto-FSM-Logistic 系列回归模型中不同变量的 Wald 统计量（见表4-6）及相关统计数据（见图4-4、表4-7）可知，Auto-FSM-Logistic 系列

表4-4　武汉市城市扩张驱动变量的 Logistic 回归系数

变量	模型 1		模型 2		模型 3	
	B	Wald	B	Wald	B	Wald
x_1	0.111 844	138.60	0.084 403	79.34	0.086 460	83.43
x_2	−0.000 011	17.36	−0.000 004	2.20	−0.000 001	0.20
x_3	0.000 012	11.54	0.000 010	8.10	0.000 010	7.89
x_4	0.000 020	15.94	0.000 014	7.19	0.000 005	1.03
x_5	−0.000 309	1 563.77	−0.000 301	1 461.24	−0.000 287	1 324.53
x_6	−0.000 145	220.85	−0.000 085	73.51	−0.000 061	37.02
x_7	0.000 041	55.02	0.000 041	58.04	0.000 047	74.58
x_8	−0.000 072	1 503.92	−0.000 029	142.62	−0.000 027	122.75
x_9	−0.000 073	341.04	−0.000 085	442.89	−0.000 081	403.31
x_{10}	0.000 010	12.86	−0.000 007	5.74	−0.000 002	0.39
x_{11}	/	/	−1.194 718	676.04	−1.166 769	640.45
x_{12}	/	/	/	/	0.164 021	160.73
常数	3.305 632	1 780.24	4.846 721	2 301.82	4.374 762	1 721.28

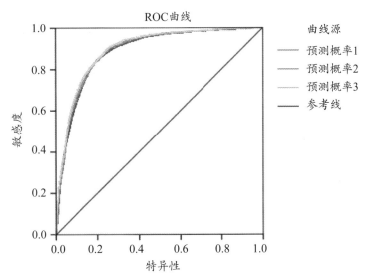

图4-3　传统 Logistic 回归与 FSM-Logistic 回归的 ROC 曲线对比图

表4-5　传统 Logistic 回归与 FSM-Logistic 回归的 ROC 曲线下面积对比表

检验结果变量	面积	标准误[①]	渐进 Sig.[②]	渐近 95% 置信区间	
				下限	上限
预测概率 1	0.887	0.002	0.000	0.883	0.890
预测概率 2	0.891	0.002	0.000	0.887	0.894
预测概率 3	0.897	0.002	0.000	0.894	0.900

注：① 在非参数假设下；② 零假设：实面积 =0.5。

表4-6　武汉市城市扩张驱动变量的 Auto-FSM-Logistic 回归系数

模型	B	$S.E.$	Wald	$Sig.$
F3	4.207	0.065	4 172.89	0.000
F5	8.452	0.123	4 751.25	0.000
F7	11.495	0.179	4 123.10	0.000
F9	15.196	0.228	4 434.25	0.000
F11	20.113	0.294	4 680.28	0.000
F13	23.865	0.363	4 507.20	0.000
F15	27.560	0.414	4 430.96	0.000
F15	31.072	0.461	4 186.33	0.000
F19	34.558	0.538	4 119.91	0.000
F17	37.841	0.612	4 067.29	0.000
F23	41.140	0.667	3 808.13	0.000

回归模型的 ROC 曲线下面积明显高于传统 Logistic 回归模型与 FSM-Logistic 回归模型，说明空间自相关性对于武汉市城市扩张具有重要意义。回归结果也显示，不同邻域范围内计算获得的空间自相关变量，对回归模型的解释效果各有差异，其中5×5邻域变量回归的 ROC 曲线下面积最大，为0.952，11×11邻域变量回归的 ROC 曲线下面积次之，为0.950。各检验结果变量的 ROC 曲线下面积并未依邻域半径大小呈现规则性变化。

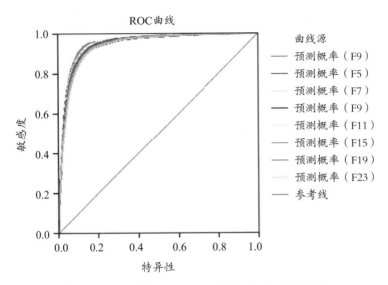

图4-4　Auto-FSM-Logistic 回归的 ROC 曲线对比图

表4-7　Auto-FSM-Logistic 回归的 ROC 曲线下面积对比表

检验结果变量	面积	标准误①	渐进 Sig.②	渐近 95% 置信区间	
				下限	上限
预测概率（F3）	0.942	0.001	0.000	0.940	0.945
预测概率（F5）	0.952	0.001	0.000	0.950	0.954
预测概率（F7）	0.944	0.001	0.000	0.941	0.946
预测概率（F9）	0.947	0.001	0.000	0.945	0.950
预测概率（F11）	0.950	0.001	0.000	0.948	0.953
预测概率（F15）	0.946	0.001	0.000	0.944	0.949
预测概率（F19）	0.942	0.001	0.000	0.940	0.945
预测概率（F23）	0.938	0.001	0.000	0.936	0.941

注：① 在非参数假设下；② 零假设：实面积 =0.5。

将不同 Logistic 回归模型中与各解释变量相对应的回归系数分别代入回归方程中，求得各回归模型当因变量为1时的条件概率，并通过 ArcGIS 空间分析工具模拟武汉市2006—2013年间城市扩张分布格局与扩张模拟概率分布（见彩图21）。

通过对比不难发现，Auto-FSM-Logistic 回归模型的模拟精度明显高于其他模型，各模型的 ROC 曲线下面积与模拟预测精度指标 Kappa 系数（见表4-8）大小一致，一方面验证了 Logistic 回归修正模型对城市扩张具有较强的模拟能力，另一方面则验证了两种模型预测结果检验方法的一致性和有效性。

表4-8　不同回归模型的模拟精度对比

模型	模型 1	模型 2	模型 3	模型（F3）	模型 F（11）
Kappa 系数	0.338	0.346	0.356	0.623	0.602

4.3.4　驱动机理分析

根据系列 Logistic 回归结果，按照各个因子对城市扩张驱动的作用程度，将武汉市城市扩张的主要驱动力归纳为交通驱动、城镇化驱动、城市空间战略驱动和自然环境驱动4个方面，具体分析如下：

1. 交通驱动因子分析

城市交通网络是城市扩张的主要内在适应性因素，并直接引导城市空间扩张（陆逸君，2013）。由武汉市城市扩张的系列 Logistic 回归结果可知，城市主干道分布对城市扩张具有突出的驱动作用；相比较而言，次干道的分布对城镇扩张的影响较小；高速公路由于其封闭性较强，难以发挥对城镇扩张的影响。由此可见，不同等级交通道路的分布对武汉市城市扩张的引导作用具有较大差异。究其原因，主要与武汉市近年来推行以公共交通为导向的土地开发模式（Transit-Oriented Development，TOD）有关，这种模式主要通过建设城市快速路、骨架性主干路和轨道交通构成的复合交通走廊来引导城市空间拓展。主干道与次干道距离因子的回归系数均为负，说明距离主次干道越近，城镇扩张概率越大，反之亦然。通过统计城镇用地扩张斑块距不同级别道路的距离（见图4-5）可知，武汉市城市扩张最为密集的斑块主要分布在距主干道0.5~1 km、距次干道1~2 km区域，揭示了武汉市城镇扩张主要沿主干道分布的特征。

2. 城镇化驱动因子分析

城镇化驱动主要是指不同空间单元人口、产业和土地等城镇化发展水平对城

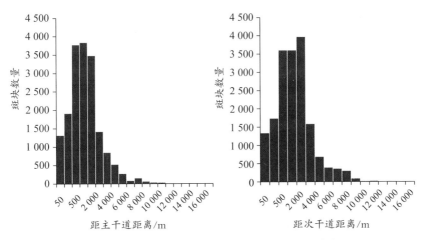

图4-5 城镇建设用地扩张斑块距主干道和次干道距离直方图

镇扩张的驱动作用,本书主要通过中心城、重点镇和中心镇的中心吸引力来表征。Logistic回归结果亦显示距重点镇距离在回归分析中有重要解释作用,且距离镇中心越近,扩张概率越大,说明重点镇对城镇用地扩张具有较大吸引力,重点镇的空间分布是驱动武汉市城镇扩张的重要因素。重点镇是武汉市城市空间拓展的重点区域,武汉市土地利用规划与城市总体规划中均强调,在重点镇布局工业、居住、对外交通等功能,并承担疏散中心城区人口、转移区域农业人口的职能。由相关社会经济数据统计可知,到2013年武汉市重点镇域人口城镇化水平仅次于中心城,各乡镇人口城镇化水平的平均值为46.51%,远高于中心镇、一般镇的28.79%和16.28%(由图4-6中数据计算而得);重点镇域各乡镇地方财政收入总体亦高于中心镇和一般镇(见图4-7)。在规划和政策导向下,重点镇域社会经济的发展势必带动城市扩张。由武汉市不同等级镇域城市扩张特征分析可知,相对于其他各等级镇域,2006—2013年间重点镇城镇扩张规模与强度以及土地城镇化水平均为最高。由城镇建设用地扩张斑块距重点镇中心与市中心距离直方图(见图4-8)可知,武汉市城市扩张最为密集的斑块主要分布在距各重点镇3~5 km的区域;相对而言,中心城区城市扩张几近饱和,城镇扩张斑块在空间上的分布在距市中心1 km的区域最为密集,大于1 km的范围内则呈现出明显的距离衰减规律。

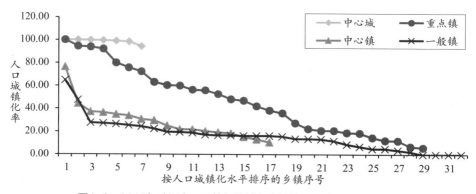

图4-6　2013年武汉市不同等级镇域各乡镇的人口城镇化水平对比

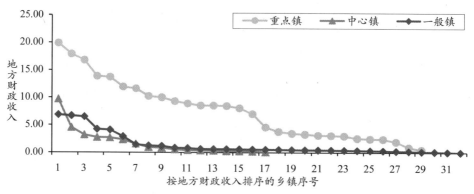

图4-7　武汉市不同等级镇域各乡镇的地方财政收入对比

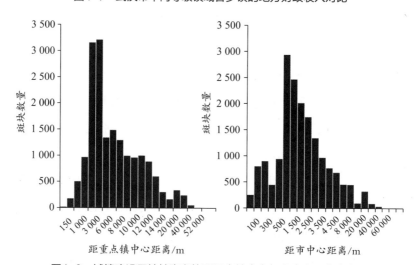

图4-8　城镇建设用地扩张斑块距重点镇中心与市中心距离直方图

3. 城市空间战略驱动因子分析

城市空间总体布局和城镇辐射场强变量在系列 Logistic 回归模型中具有较高的解释力，说明武汉市城市空间发展战略对城市扩张具有重要的驱动作用。自2006年武汉市土地利用总体规划被批准实施以来，武汉市城市总体规划、都市发展区空间发展战略规划等相继对武汉城市空间布局战略进一步贯彻落实，在强化以中心城区为核心、多轴多心的开放式空间结构，以工业发展为极核，以都市拓展区各新城中心为反磁力吸引，加大建设六大新城组群等部署引导城市土地合理利用的同时，也对产业布局提供引导，主要表现在以光谷地区（位于洪山、江夏区内武汉东湖新技术产业开发区）、中国车城（包括武汉经济技术开发区、汉南区和蔡甸区在内的武汉西南部）、临空经济区（包括东西湖区和黄陂区南部）和临港产业区（包括青山区和新洲的阳逻经济开发区）为增长极，加大力度建设新型工业化示范园区和一般工业园区，为武汉市提供工业经济发展平台。此外，为强化空间拓展支撑力，武汉市规划构建多条包括地面快速交通和轨道交通的高等级道路，以加快中心城区和都市拓展区的交通衔接。以上战略部署及其实施对于促进都市拓展区和重点镇域的社会经济快速发展、增强其城镇辐射对城市扩张的作用具有重要意义。就功能定位而言，中心城区发展重点为大力引进现代服务业，在城镇土地利用方面则以核心区改造和旧城更新为主，但其雄厚的经济发展基础和中心辐射功能仍是带动周边城镇用地开发利用的重要动力。根据本书的场强变量计算方法可知，在不同等级城镇辐射场强的综合作用下，城镇辐射场强值取值为 [2, 150] 时，区域城镇用地扩张较为密集，取值为30的区域扩张最为密集（见图4-9）。

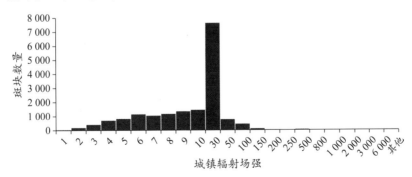

图4-9　城镇建设用地扩张斑块所接收的城镇辐射场强直方图

4. 自然环境驱动因子分析

系列 Logistic 回归结果显示，相对于社会经济与政策因子而言，坡度以及距河流、湖泊等环境因子对武汉市城市扩张的驱动作用较弱，其中坡度的回归系数为正，说明随着坡度增加，扩张概率有所增加。该结论虽与城市扩张应尽量减少坡度等地形条件带来的建设成本相悖，但结合武汉市近年来的城镇扩张规模与空间分布可知，由于扩张需求越来越大，扩张规模也不断增加，若以建设施工技术的改进为前提，则不难解释坡度等地形条件对城镇扩张的制约作用越来越小这一现象。由城镇建设用地扩张斑块对应的坡度统计可知，武汉市城镇建设用地的坡度最高值为22.73°，基本控制在建标〔1999〕108号规范中规定的城乡建设用地地面适宜规划坡度不得大于25°的范围内；而大多数扩张斑块主要集中在坡度为(0, 4] 区间取值的区域 ［见图4-10（A）］。

此外，距主要河流距离因子的回归系数为负，主要与武汉市城镇用地依长江和汉江两大主要河流分布的历史发展与延承有关，统计数据显示城镇扩张斑块在距主要河流0.15~80 km 的区域分布相对均衡，而在10~20 km 处出现峰值，呈现较高的集聚程度 ［见图4-10（B）］。城镇建设用地扩张斑块距一般河流和湖泊的距离因子的回归系数为正，说明距一般河流和湖泊越远，城市扩张概率越大，某种程度上反映了武汉市城镇建设用地开发中对水域生态用地具有一定的保护意识。数据显示城市扩张在距一般河流0.5~205 km 的区域分布较为集中，距一般河流10~20 km 处则再度出现较高峰值 ［见图4-10（C）］。城市扩张的集聚分布的最高峰值在距湖泊2 km 的区域，在距湖泊6.5~10 km 区域均成较低峰值 ［见图4-10（D）］。

城镇建设用地扩张斑块分布与距不同水域距离的数据关系显示了武汉市城市扩张与水域分布的紧密联系。相对于与河流的距离关系，武汉市城镇扩张与湖泊分布在空间关系上呈现出更为明显的距离衰减规律。

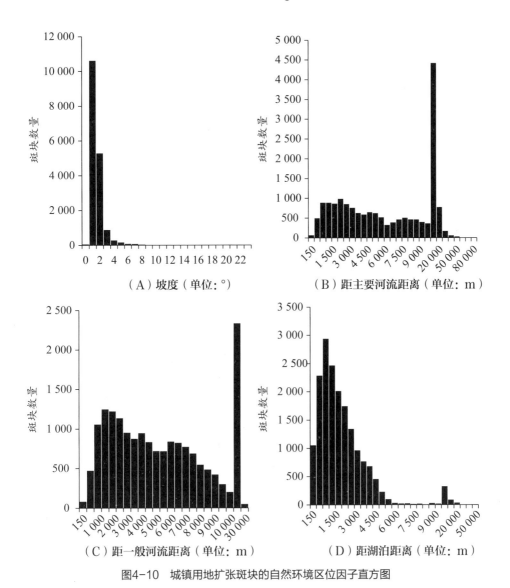

（A）坡度（单位：°）

（B）距主要河流距离（单位：m）

（C）距一般河流距离（单位：m）

（D）距湖泊距离（单位：m）

图4-10 城镇用地扩张斑块的自然环境区位因子直方图

4.4 本章小结

本章一方面从自然环境、社会经济以及政策三个方面，对影响城市扩张的各因素，包括地形、水资源分布、人口社会经济发展、交通网络格局、以城镇体系规划为核心的城市空间发展战略等进行了深入剖析，另一方面针对传统 Logistic 回归模型的不足，分别纳入城镇辐射场强变量和空间自相关变量，递进修正式地构建了 FSM-Logistic 回归模型和 Auto-FSM-Logistic 回归模型。在此基础上，选取能够反映区域差异性且具有数据可获取性的变量指标，运用不同 Logistic 回归模型对武汉市2006—2013年城市扩张的空间驱动力进行定量分析。通过对比发现，修正的 Logistic 回归模型在模型预测效果和模拟精度上明显高于传统的 Logistic 回归模型。回归结果表明，主干道、重点镇的空间分布对城市扩张具有显著的驱动作用，城市空间发展战略和城镇辐射场强对城市扩张亦具有显著的影响，而坡度等自然环境因子对城市扩张的影响较弱。结合武汉市现阶段自然、社会、经济发展特征，本书依次对城市扩张的交通、城镇化、城市空间发展战略和自然环境等驱动因子进行了分析和探讨。

第5章　基于耕地－生态安全格局构建的城市扩张空间约束分析

城镇建设用地扩张利用是人类社会改造自然最直接的方式之一，直观地反映了城市或区域人地关系是否协调。依据可持续发展的基本思想，城镇建设用地空间开发既要考虑城市社会经济发展对土地资源的需求，又不能侵害自然环境－社会经济生态系统良性循环对土地资源的需求，即城镇建设用地的开发利用在处理人地关系的过程中必须兼顾效率与公平。随着我国城市化进程的加快，城镇建设用地扩张不断加剧，粮食安全威胁、自然生态空间萎缩等问题成为城市扩张过程中暴露的主要问题。近年来，我国将耕地保护确定为基本国策之一，将稳定和扩大区域耕地面积，维持和提高耕地生产能力，预防和治理耕地环境污染视作保证土地合理利用、稳定农业基础地位和促进国民经济持续发展的重大问题；在生态环境保护和建设方面，我国在相继颁布全国生态环境保护纲要、全国生态功能区划和全国生态保护"十二五"规划等基础上，推出生态保护红线划定的纲领性技术指导文件，将"生态保护红线"确定为继"18亿亩耕地红线"后的另一条被提到国家层面的"生命线"。基于此，本书拟从耕地保护和生态安全两个方面分别对城市扩张约束进行分析，作为城市扩张用地优化配置与空间布局的基础依据。

5.1 城市扩张空间约束分析指标体系

本书拟从城市扩张耕地保护约束和生态安全约束两个层面选取指标，构建城市扩张空间约束分析指标体系（见表5-1）。

表5-1 城市扩张空间约束分析指标体系

目标层	准则层	指标层
耕地保护约束	耕地自然生产潜力	土层剖面构型
		土壤质地
		坡度
		土层厚度
		有机质含量
		pH 值
		灌溉水源保证
		排水条件
	耕地保护等级	基本农田
		一般农田
生态安全约束	生态脆弱性	地质灾害
		土壤侵蚀
		洪涝灾害
	生态服务功能	水源涵养
		生物多样性保护
		自然与文化遗产保护

5.1.1 城市扩张的耕地保护约束指标

耕地保护是指运用法律、行政、经济、技术等手段和措施，对耕地的数量和质量进行保护。耕地自然生产潜力评价是制定耕地保护规划和实施耕地保护措施的基础。同时，基本农田保护区是我国对耕地保护划定的特殊区域，基本农田区一旦划定，区内耕地须严格保护。因此在土地利用规划中，一方面应依据耕地自然生产潜力设置不同保护级别，另一方面应结合基本农田保护区的限定划分基本农田和一般农田的保护级别，结合两种保护级别最终确定耕地保护对城镇建设用地的空间约束格局，保护级别越高，对城市扩张的约束性越大。

　　耕地自然生产潜力评价的实质就是评定耕地的立地条件、土壤理化性状、障碍因素等对作物生长限制的强弱。鉴于影响耕地地力的因子间普遍存在相关性，甚至信息彼此重叠，依据所选因子对耕地保护格局所起的稳定性、主导性作用（付海英 等，2007），同时考察评价因子在研究区的空间差异性以及数据的可获取性，本书从土层剖面形态、立地条件、土壤理化性状和灌排管理等方面选取土层剖面构型、土壤质地、土层厚度、坡度、有机质含量、pH 值、灌溉水源保证及排水条件等作为评价因子（见图5-1）。

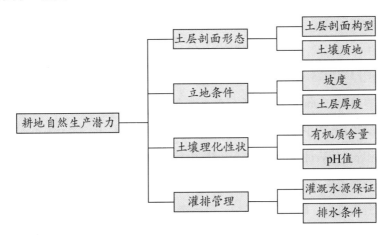

图5-1　耕地自然生产潜力评价指标体系

5.1.2　城市扩张的生态安全约束指标

　　生态安全可以理解为在外界不利作用下，自然环境不受损害和威胁的同时，自然 - 社会复合系统能够保持健康、完整的状态。生态安全是一个相对概念，且受众多生态因子影响，各类生态因子从本质上可以概括为两个方面的内容，即生态脆弱性因子和生态服务功能因子。生态脆弱性因子主要反映人类开发活动中生态环境问题发生的可能性和修复难度，包括地质灾害、土壤侵蚀、洪涝灾害等生态威胁；生态服务功能因子则反映人类直接或间接从生态系统获得的效益，包括水源涵养、生物多样性保护、自然与文化遗产保护等功能（陈雯 等，2007；丁建中 等，2008）。生态安全约束可以通过这些反映生态因子及其综合体系质量的指标进行定量评价。

5.2 城市扩张空间约束分析方法体系

5.2.1 城市扩张的耕地保护约束分析方法

本书在栅格单元尺度上借助空间格局分析方法对耕地保护约束进行分析。首先，依据各项耕地自然生产潜力评价指标对耕地的适宜性划分等级，包括极高适宜性、高适宜性、中适宜性和低适宜性，自然生产潜力越大，耕地适宜性越高。所选评价因子中，坡度反映研究区地形情况，坡度越大，耕作成本越高。土层厚度指自然地表到障碍层或石质接触面的土壤厚度，土层厚度直接影响农作物生长。对于多年生作物来说，最佳土层厚度为150 cm 以上，临界厚度为75 cm；块根作物的最佳土层厚度为75 cm 以上，临界值为50 cm；谷类作物的最佳土层厚度在50 cm 以上，临界值为25 cm。土壤质地反映土壤宜耕作的性能与保水、保肥性能，一般以土壤表层30 cm 的平均质地为标准划分，包括壤土、粘土、砂土等类别。土壤有机质含量和 pH 值表征评价单元的土壤肥力状况。灌排管理主要涉及研究区耕作过程中的灌溉水源保证和排水条件，一般根据蓄水容积和引水流量评定等级，并对评价因素分级打分，确定权重系数，最后运用加权综合的方法确定耕地适宜性等级。在分析研究区耕地适宜性等级时，应结合研究区实际情况，根据国家对农用地分等定级以及耕地质量评价技术规范，因地制宜地制定分级标准。

其次，依据研究区基本农田区的划定，区分基本农田区和一般农田区，取基本农田区内耕地与极高适宜性耕地的并集作为城市扩张耕地保护约束性极高区，其他则根据适宜性分区分别定义为约束性高、中、低三类（见表5-2）。

表5-2　城市扩张的耕地保护约束等级

耕地适宜性等级	农田保护等级	耕地保护约束性等级
极高	基本农田	极高
高		高
中	一般农田	中
低		低

5.2.2　城市扩张的生态安全约束分析方法

运用生态安全格局分析方法，本书主要从生态脆弱性和生态服务功能两方面诊断生态安全问题，分别选取脆弱性生态因子和功能性生态因子构建单因子生态安全格局，进而对城市扩张的生态安全约束格局进行分析（见图5-2）。生态脆弱性主要从地质灾害、土壤侵蚀、洪水调蓄等方面进行分析，生态服务功能则分为水源涵养、生物多样性保护和游憩安全等方面进行格局构建。

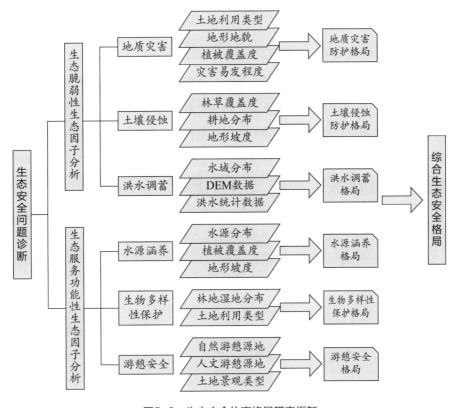

图5-2　生态安全约束格局研究框架

基于单项生态因子安全格局对武汉市综合生态安全格局进行叠加分析时，依据木桶效应原理和生态学的最小限制定律，综合生态安全程度由最低安全等级值确定，计算表达式为：

$$ES_{integ} = \min\left(ES_g, ES_s, ES_f, ES_h, ES_b, ES_r\right) \tag{5-1}$$

式中，ES_{integ} 为综合生态安全等级值；ES_g、ES_s、ES_f、ES_h、ES_b、ES_r 分别表示地质灾害、土壤侵蚀、洪水调蓄、水源涵养、生物多样性保护和游憩保护的安全等级值。综合生态安全格局最终以极低、低、中、高四个等级来反映不同程度的生态安全状态，根据生态安全水平越低，越需要保护，对人类活动的约束越大的原理，可将城市扩张生态约束等级依次定义为极高、高、中和低四类。需要指出的是，本书对生态安全格局的分析主要立足于自然环境生态因子安全分析，鉴于城镇建设扩张的不可逆性，在构建城镇开发综合生态约束格局时须扣除已建成区域。

5.2.3 面向城镇体系的城市扩张空间约束分析模型

在城市内部，不同区域社会经济基础、资源禀赋以及承载的城市发展功能均存在较大差异，故城镇建设用地空间扩张约束分析必然要考虑区域差异性，协调区域城镇用地扩张的分配关系。鉴于城市扩张约束分析自然环境数据具空间连续性，城镇扩张的耕地保护与生态安全约束分析以栅格单元为研究尺度。为评价不同乡镇单元的城市扩张空间约束，可根据不同约束等级栅格单元占各乡镇土地面积的比重和不同约束等级权重，综合判定各乡镇的城市扩张约束指数。约束指数计算公式为：

$$C_i = \frac{\sum_{j=i}^{n} W_j C_{ij}}{A_i} \qquad （5-2）$$

式中，C_i 为第 i 个乡镇的城市扩张耕地保护与生态安全约束指数；n 为约束等级的数量；C_{ij} 为第 i 个乡镇第 j 类约束等级的栅格斑块面积；W_j 为第 j 类约束等级的权重；A_i 为第 i 个乡镇的总面积。在城市扩张耕地保护与生态安全约束格局分析基础上，运用式（5-2）可计算不同乡镇单元的耕地保护与生态安全约束指数。

由城镇等级体系规划原理可知，不同等级镇域承载的社会经济发展目标不同，生产力布局和城镇功能定位不同，受市场推动和政策引导的双重作用，必然形成具有差异性的克服各种约束和阻力的能力。基于此，本书采用分级赋权的方法来体现乡镇单元抗约束能力的差异性，即在对各乡镇单元的不同城镇扩张约束等级赋权时，根据区域城镇体系规划等级划分，分别按各乡镇单元所属等级采用不同的赋权标准。

5.3　武汉市城市扩张的耕地保护约束分析

本书耕地保护约束格局分析中的耕地数据源自2013年武汉市土地利用现状数据库，坡度图采自2007年SRTM 90 m分辨率高程数据，土壤质地、土层厚度、土层剖面构型、有机质含量、pH值以及排水条件等土壤数据主要来自武汉市2012年农用地分等定级矢量数据，其中洪山区土壤数据缺失。为保证数据运行的统一性，将不同数据类型转换为150 m×150 m的栅格图层。

5.3.1　耕地适宜性评价指标分级

依据前述耕地自然生产潜力评价指标体系，结合武汉市土地资源实际情况和已有数据资料，参照我国《耕地地力调查与质量评价技术规程》（NY/T 1634—2008）、《农用地质量分等规程》（GB/T 28407—2012），采用经验法确定评价因素的分级指数，并根据评价指标对耕地自然生产潜力的相对重要程度确定权重系数（见表5-3）。

表5-3　武汉市耕地适宜性评价指标分级与权重设置

评价因子	因子分级与分值				权重
	100	80	50	20	
土壤质地	壤土	粘土	砂土	砾质土	0.10
坡度	≤6	6~15	15~25	>25	0.04
土层厚度	>100	50~100	30~50	≤30	0.05
pH值	6.5~7.5	5.5~6.5 或 7.5~8.5	4.5~5.5 或 8.5~9.5	<4.5 或 >9.5	0.07
有机质含量	>4.0	2.0~4.0	1.2~2.0	≤1.2	0.09
灌溉水源保证	1级	2级	3级	4级	0.27
排水条件	1级	2级	3级	4级	0.20
土层剖面构型	通体壤、壤砂壤、壤粘壤	砂粘砂、壤粘粘、壤砂砂、砂粘粘	粘砂粘、通体粘、粘砂砂	通体砂、通体砾	0.18

5.3.2 耕地适宜性等级评价

叠加武汉市耕地适宜性评价因子图和耕地分布图后生成评价单元，先根据评价指标分级标准对耕地适宜性评价单项因子按分值分级（见彩图22），再运用多因素加权综合法计算各耕地单元的自然生产潜力，最后采用累计频率曲线法将武汉市耕地适宜性划分为四个等级，并生成武汉市耕地适宜性分级图（见彩图23）。通过数据统计可知，武汉市不同适宜性等级的耕地由高到低依次占全市耕地总面积的17.63%、25.27%、29.83%和27.27%（由于洪山区数据缺失，故不计入）。

5.3.3 耕地保护约束分析

从武汉市土地利用总体规划图中提取基本农田保护区，与2013年土地利用现状数据叠加生成基本农田保护区耕地分布图（见彩图24），统计可知2013年基本农田保护区中农田总量约为1 770 km²，一般农田面积约为1 468 km²，基本农田和一般农田比例为1∶0.83，基本农田现状面积与武汉土地利用总体规划中设定的基本农田达到2 645 km²的目标相差较大。运用耕地保护约束格局分析方法，将基本农田与极高适宜性耕地合并，并对一般农田按其耕地适应性划分等级。洪山区为武汉市典型的城乡交错区，综合考察其农业发展基础、粮食产量数据以及区域发展功能定位，将洪山区耕地保护约束级别确定为中等。依照上述分析，最终获取武汉市耕地保护约束格局（见彩图25）。统计结果表明极高约束区内耕地面积为1 987 km²，其他约束区内耕地面积依约束等级由高到低分别为393 km²、579 km²、273 km²。

5.4 武汉市城市扩张的生态安全约束分析

5.4.1 生态安全单因子约束分析

1. 地质灾害防护格局

武汉市地质环境复杂，降水充沛，加之城市建设、公路、铁路和管线等基础设施建设等人类经济工程活动有所增加，使得地质灾害的频度与危害程度有增强趋势，对国民经济建设及社会安定造成一定的危害和影响。近期武汉市地质灾害调查结果显示，市内地质灾害点共73处，其中地面塌陷是威胁城区安全的主要地质灾害。

相关研究表明，地面塌陷主要与地形地貌、植被覆盖及人类工程活动密切相关。本书借鉴相关研究成果（苏泳娴 等，2013）中对地质灾害敏感性因子的分析，并结合武汉市地质灾害相关调查资料，分别对植被覆盖率、坡度、高程和地形起伏度、土地利用类型（不同土地利用类型指示不同程度的人类工程活动）以及历史发生概率进行分类赋值（见表5-4），并运用 ArcGIS 空间分析工具计算武汉市地质灾害敏感性综合分值，再运用自然断点法对综合分值进行分级，敏感性越高，防护等级越高，由此获取武汉市地质灾害防护格局（见彩图26）。

表5-4　地质灾害影响因子及其敏感性

影响因子	敏感性赋值				权重
	100	50	10	1	
植被覆盖率	＜ 0.2	0.2~0.3	0.3~0.5	＞ 0.5	0.25
坡度 /°	≥ 30	15~30	5~15	＜ 5	0.1
高程 /m	＞ 200	100~200	50~100	＜ 50	0.1
地形起伏度 /m	＞ 100	50~100	10~50	＜ 10	0.2
土地利用类型	城镇建设用地、交通用地	农村居民点	耕地、其他农用地	林地、水域	0.2
历史发生概率	易发	较易发	—	不易发	0.15

2. 土壤侵蚀防护格局

土壤侵蚀是生态环境恶化的主要原因。脆弱生态环境评估涉及土壤侵蚀以及其他环境问题，因此，区域土壤侵蚀监测和评价是保障区域生态安全的重要组成部分（李占斌 等，2008；杨长春，2012）。区域土壤侵蚀调查重点是要确定侵蚀等级并找出不同侵蚀等级下受影响的面积。植被和土地类型是侵蚀发生时外营力作用的主要对象（周为峰 等，2006），因此本研究主要依据中华人民共和国《土壤侵蚀分类分级标准》（SL 190—2007）中的面蚀（片蚀）分级指标（见表5-5）识别土壤侵蚀等级。基于武汉市 DEM 影像生成坡度图，按照标准将坡度分为5个等级；基于武汉市2013年土地利用类型分布图提取林草地和耕地图层，计算区内不同空间单元非耕地类林草盖度并分为4级，运用 ArcGIS 中的栅格计算器分别对林草盖度、耕地地类与坡度图层进行运算，运算结果对应土壤面蚀轻度、中度、强烈、极强烈和剧烈5级。

数据显示，武汉市约395.44km²的区域均遭受到不同程度土壤侵蚀，中度侵蚀范围最广，约占总侵蚀面积的57.14%，其次为轻度侵蚀，约占总侵蚀面积的39.56%，强烈和极强烈侵蚀较少，未出现剧烈侵蚀（见表5-6）。总体而言，武汉市北部地区各乡镇土壤侵蚀较为普遍，且受侵蚀级别以及面积均高于其他乡镇（街道）。

表5-5　面蚀（片蚀）分级指标

地类		地类坡度 /°				
		5~8	8~15	15~25	25~35	> 35
非耕地林草盖度	60%~75%	轻度				
	45%~60%					强烈
	30%~45%		中度		强烈	极强烈
	< 30%			强烈	极强烈	剧烈
坡耕地		轻度	中度			

表5-6　武汉市土壤面蚀等级分布面积与比例

项目	侵蚀等级			
	轻度	中度	强烈	极强烈
面积 /km²	156.42	225.95	12.76	0.32
比例	39.56%	57.14%	3.23%	0.08%

武汉市土壤侵蚀最严重的区域主要分布在黄陂区最北端和新洲区东北角的部分乡镇（街道），其中黄陂区的李家集镇受侵最为严重，受极强烈侵蚀和强烈侵蚀的面积分别占武汉市相应受侵面积的78.57%、33.33%。紧紧相邻的蔡店乡、长轩岭街和木兰乡受轻度侵蚀和中度侵蚀范围最广，约占全市相应等级侵蚀面积的77.40%和33.88%；紧随其后的为新洲区的徐古镇和旧街街。武汉市南部蔡甸、江夏以及洪山东部区域的部分乡镇均受到不同程度的侵蚀。基于以上分析，本书将强烈和极强烈侵蚀区划分为土壤侵蚀极度防护区，中度、轻度侵蚀区依次为高度

和中度防护区，其他地区为低度防护区，最终形成武汉市土壤侵蚀防护格局（见彩图27）。

3. 洪水调蓄格局

武汉市地处长江、汉江交汇处，境内河道纵横交错，湖泊星罗棋布，常年雨量充沛，年际、年内分布极不均衡，旱涝交替，是洪涝灾害多发地区。长江流域1 800 000 km²面积中，接近1 480 000 km²范围内的水须经由武汉进入下游（刘志文，2011），导致武汉市维持较长时间的高水位，给市民的生产生活造成极大威胁。因此，防洪安全对于武汉市生态安全格局的形成极为重要。

防洪安全格局的建立就是要充分发挥湿地、湖泊、水库的洪水调蓄作用，留出可供缓冲的湿地和河道缓冲区，满足洪水自然宣泄的空间需求。在参考已有研究（张利 等，2014；肖长江 等，2015）的基础上，本书在研究区2013年土地利用现状图中提取武汉市主要行洪河道、湖泊、水库以及滩涂等水面作为防洪源，根据不同风险级别洪水对缓冲区的要求，分别建立0~50 m、50~80 m 和80~150 m 防洪源缓冲区；结合武汉市历年洪水统计资料、地形图和 DEM 数据，运用 ArcGIS 的水文分析模块确定径流沿地形运动停滞的低洼地，并将径流汇水点和汇水区出水点作为战略点，确定防洪的关键区域及其空间位置；将缓冲区和防洪关键区域叠加，依据取小原则（取各栅格单元最低安全等级值），运用 ArcGIS 空间分析工具中的栅格统计，获取缓冲区防洪调蓄的高、中、低三级安全水平；将水域划分为低安全区，其他区域作为极高安全区，最终形成武汉市防洪调蓄安全格局（见彩图28）。

4. 水源涵养格局

水源涵养是指暂时贮存在土内的水分的一部分以土内径流的形式或以地下水的方式补充给河川，从而起到调节河流流态，特别是季节性河川水文状况的作用。一般可以通过恢复植被、建设水源涵养区达到控制土壤沙化、降低水土流失的目的。植被素有"绿色水库"之称，具有涵养水源、调节气候的功效，是促进自然界水分良性循环的有效途径之一。相关研究亦表明，滨河林地以及湿地能够通过土壤微生物过程去除有害元素（Vought et al.，1995），同时实现生物迁徙及保护鱼类、爬行和两栖类动物等功能。设立水源保护区域，既能够保证居民饮水安全，又能防止水源枯竭和水体污染。参照相关研究方法（王思易 等，2013），本书基于径流、湖泊缓冲区划分和植被覆盖率、不同土地利用类型对武汉市水源涵养影响因素分类赋值（见表5-7）。首先对地表径流在400 m范围内、湖泊则在600 m范围内分别建立缓冲区，距离水源越近，敏感性越强，安全级别越低，超出该范围为不敏感区域；同时对水域、林地、农用地及其他土地利用类型分布进行辨识；依据不同因子对应的敏感性分值及权重计算不同栅格单元的水源涵养敏感性得分，依据自然断点法划分等级，形成多层次的武汉市水源涵养安全格局（见彩图29）。

表5-7　水源涵养敏感性因子分值与权重

影响因子	高敏感	中敏感	低敏感	不敏感	权重
	100	50	20	1	
河流缓冲区	0~100 m	100~300 m	300~400 m	> 400 m	0.5
湖泊缓冲区	0~150 m	150~450 m	450~600 m	> 600 m	0.2
土地利用类型	水域	林地	农用地	其他地类	0.3

5. 生物多样性保护格局

城市化进程的加快和城市建设强度的增加，必然导致城市自然生境受到干扰和破坏，原本有机联系的生境被人为切割，导致生境片段化和破碎化，留在碎块中的物种繁殖与迁移必然受到阻碍，导致物种生存能力下降，对生物多样性保护造成严重威胁。武汉市城区及其周边城市化建设的加速，造成大量生物栖息地被破坏，城市水体面积逐年减少，天然滩涂正逐渐消失。河道砌护岸不仅改变了滨水岸的自然边界，而且严重阻碍了水陆生物之间的生物流，对滨岸生物群落造成了不良影响（杨树旺 等，2004）。构建合理的生物多样性保护格局对于促进武汉市生态安全及其可持续发展具有重要意义。

目前国际上较为通用的生物保护安全格局分析主要是将指示物种法与缓冲区判别法、阻力模型相结合，选取研究区一种或几种指示物种或焦点物种，通过分析和评价其生境适宜性，最终确定研究区生物保护安全格局（俞孔坚 等，2009）。景观生态学理论研究表明，保证最小适生面积和生境之间的连通性是物种生存的必要条件（李晓文 等，1999），景观类型与保护源地特征越接近，其对生态流的阻力也越小（苏泳娴 等，2013）。因此，也有学者立足于多个物种和自然栖息地的生态系统来选取生物保护源地，结合景观安全格局方法判别生物保护敏感区，并结合敏感区周边景观类型来构建生物保护安全格局，进而综合反映研究区多种生境特点（李晖 等，2011）。

　　针对武汉市内自然生境较为复杂，区内以湿地和林地生态景观分布较广的情况，本书特选取区内斑块面积大于10 000 m²的林地以及斑块面积大于5 km²的河流、湖泊、滩涂等湿地作为生物多样性保护"源"地，以土地景观类型为阻力因子，采用专家打分法确定不同土地景观类型的阻力系数值（见表5-8）；运用 ArcGIS 中的 Cost distance 分析模块模拟物种穿越不同景观基面的过程，得到最小累积阻力面；由阻力面属性表获取像元值与栅格数目对应表，经线性分析可知，像元值分别在1 950、2 757、5 700附近产生较大突变（见图5-3）；根据突变点可划分生物保护安全等级，获取武汉市生物保护安全格局分布图（见彩图30）。

表5-8　不同土地景观类型的生物多样性保护阻力系数

土地景观类型	阻力系数	土地景观类型	阻力系数
林地、未利用地	1	耕地	25
河流、湖泊、滩涂	5	农村居民点	50
草地	10	交通用地	75
园地、其他农用地	20	城镇工矿用地	100

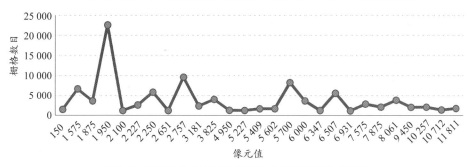

图5-3　武汉市生物多样性保护阻力值的栅格数量分布

6. 游憩安全格局

游憩安全格局是为满足人类对生活休闲空间的需求而构建的一种景观格局。游憩活动可以视为人们到游憩地点的一种水平过程，游憩地点可以视为活动的源，而到达源的途径可视为廊道，游憩空间的保护就是对游憩源和廊道的保护（张利等，2014；肖长江 等，2015）。由于人类游憩体验与景观要素在生态保护中的重要性息息相关，如自然保护区内的核心区和缓冲区对人类游憩活动具有较严格的限制，游憩公园则对人类活动限制较少，因此有必要对游憩源进行差异性分析。

通过搜集整理武汉市主要自然游憩源资料，同时结合《武汉市城市总体规划（2010—2020年）》和《武汉市土地利用总体规划（2006~2020年）》中标示自然保护区、风景区的相关图集可知，武汉市具有典型代表性的湿地保护区、森林公园、风景名胜区、生态保护区以及郊野公园共22处，同时区内森林、河流、湖泊、水系、滩涂等自然景观分布广泛，历史古迹、楼台场馆等人文景观也同样丰富，且自然景观与人文景观相互交融，均具有极高的游憩价值。因此，本书将武汉市内具有游憩价值的大面积水系、林地、山体以及风景名胜区作为游憩源，运用最小阻力模型来研究游憩安全格局。

首先在土地利用现状图中提取面积大于10 km²的河湖水系、面积大于1 km²的林地以及风景名胜区，并提取典型游憩风景区周边2 km范围内的湿地和林地等景观共同作为游憩源；游憩体验中的阻力主要表现为不同土地利用覆被类型与游憩体验活动的非兼容性（王思易 等，2013）。根据实地调查，针对不同土地类型景观要素对游憩体验活动的兼容性设定阻力值，如河流、湖泊、滩涂等水系和林地、草地是游憩廊道的基本构成要素，其阻力值设定为最低，耕地、园地等亦可作为游憩体验景观要素，其阻力值设定为中等，而城镇工矿用地与农居点、交通用地的景观兼容性较差，因此阻力值较高（见表5-9）。

表5-9　不同土地景观类型的游憩安全阻力系数

土地景观类型	阻力系数
林地、草地、河流、湖泊、滩涂	1
耕地、园地	25
城镇工矿用地、农居点、交通用地	100

将游憩源地图层和阻力系数图层放入 ArcGIS 中，运用最小累积阻力模型模拟人类穿越不同景观要素时的游憩体验，构建反映游憩体验活动的可达性阻力面；依据阻力面发生突变的阈值（见图5-4）确定游憩安全格局，获得武汉市综合游憩安全格局分布图（见彩图31）。

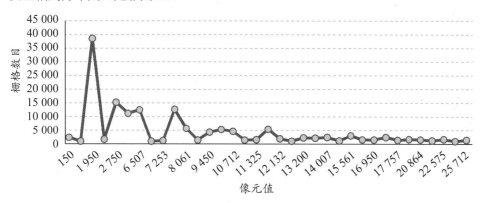

图5-4　武汉市游憩安全阻力值的栅格数量分布

5.4.2　生态安全综合约束分析

基于武汉市各单项生态因子安全格局分析，对各单因子安全等级赋分（见表5-10）。根据式（5-1）的要求，对地质灾害防护、土壤侵蚀防护、洪水调蓄、水源涵养、生物多样性保护和游憩保护的安全等级值进行叠加分析，可得武汉市综合生态安全格局（见彩图32），将扣除掉已建区域的综合生态安全等级与约束等级相对应，可得武汉市城镇扩张生态约束空间分布格局（见彩图33）。数据统计显示，武汉市城市扩张的生态安全极度约束区面积最大，约占市域总面积的46.80%（见表5-11）。

表5-10　武汉市单项生态因子不同安全等级分值

单项生态因子	等级分值			
	4	3	2	1
地质灾害防护	低度防护区	中度防护区	高度防护区	极度防护区
土壤侵蚀防护	低度防护区	中度防护区	高度防护区	极度防护区
洪水调蓄	极高安全区	高安全区	中安全区	低安全区
水源涵养	高安全区	中安全区	低安全区	极低安全区

续表

单项生态因子	等级分值			
	4	3	2	1
生物多样性保护	高安全区	中安全区	低安全区	不安全区
游憩安全	高安全区	中安全区	低安全区	不安全区

表5-11 武汉市不同等级城镇扩张生态约束区用地规模

城镇开发生态约束等级	面积 /km^2	比例
低度约束区	652.23	8.57%
中度约束区	288 9.27	37.96%
高度约束区	508.39	6.68%
极度约束区	356 2.09	46.80%

5.5 武汉市城市扩张空间约束综合分析

按照城市扩张约束指数计算方法，通过对比武汉市城镇等级体系规划中不同镇域的职能分工以及对农业布局、耕地保护和生态安全的要求，在征求专家意见的基础上，对武汉市四级城镇体系中不同镇域城市扩张约束等级赋予权重（见表5-12）。赋分差异性体现在：中心城域各行政单元城镇用地扩张约束重点考虑极高约束等级分值高低，重点镇域各乡镇单元城镇用地扩张约束主要考虑极高约束和高约束等级分值，中心镇域和一般镇域是耕地保护和生态安全保护的重要区域，各乡镇单元对不同等级扩张约束采用等分权重。

根据式（5-2）分别计算武汉市不同乡镇单元城市扩张的耕地保护约束指数和生态安全约束指数，结果显示：不同等级镇域城市扩张的耕地保护约束程度具有较为清晰的层次性，中心镇域耕地保护约束较低，重点镇域各乡镇的耕地保护约束指数具有明显的梯度特征，中心镇域各乡镇间的耕地保护约束指数差异较大，一般镇域各乡镇的耕地保护约束指数普遍较高，耕地保护约束指数较高的乡镇在除中心镇域外的各镇域中均有分布［见图5-5、彩图34（A）］；中心城域城镇扩张的生态约束相对较低且差异较大，其他等级镇域间的生态安全约束整体水平差异不大，乡镇生态安全约束指数较高的区域主要集中在一般镇域和中心镇域，特别是黄陂区北部和蔡甸区东南部的部分乡镇，重点镇域中大部分乡镇生态安全约束较小［见图5-6、彩图34（B）］。

表5-12　武汉市不同镇域城市扩张约束等级权重

地区类型	极高约束	高约束	中约束	低约束
中心城域	0.6	0.2	0.1	0.1
重点镇域	0.4	0.4	0.1	0.1
中心镇域	0.25	0.25	0.25	0.25
一般镇域	0.25	0.25	0.25	0.25

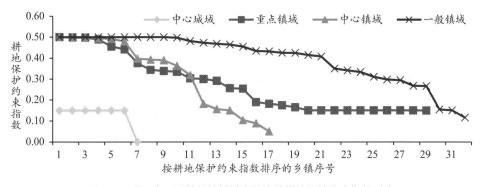

图5-5　武汉市不同等级镇域城市扩张的耕地保护约束指数对比

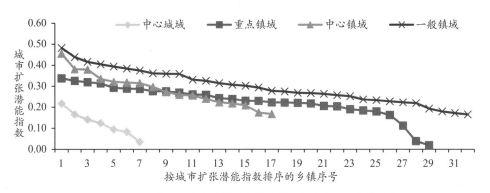

图5-6　武汉市不同等级镇域城市扩张的生态安全约束指数对比

5.6 本章小结

本章从城市扩张的耕地保护约束和生态安全约束两个方面，对城市扩张空间约束分析的指标与方法体系进行理论探讨和实证分析。运用景观格局识别方法，在进行耕地保护约束分析时通过耕地自然生产潜力和耕地保护等级来确定约束格局；在进行生态安全约束分析时则运用生态安全格局分析方法，在构建地质灾害、土壤侵蚀、洪水调蓄、水源涵养、生物多样性保护和游憩安全等单项生态因子安全格局基础上获取生态安全综合约束格局；在此基础上加权叠加扩张约束格局图层，获取各乡镇城市扩张的耕地保护约束指数和生态安全约束指数，评定各乡镇城市扩张的空间约束等级。笔者依据城市扩张空间约束分析方法体系，对武汉市城市扩张的耕地保护约束格局和生态安全约束格局进行分析，最终获取武汉市城镇扩张约束等级空间分布格局，不仅为武汉市城镇建设用地空间优化配置与模拟预测研究提供了基础参数，而且为武汉市城镇建设用地调控提供了必要依据。

第6章 城市扩张的数量优化配置与空间布局模拟

城市扩张预测与模拟是城市扩张研究的重要组成部分,旨在为城市空间扩展的定量研究提供新的思路和手段,并为城市空间的有序发展提供科学依据和决策参考。随着中国城市化进程的进一步深入发展,大都市将成为我国城市化最具活力的地区,通过大都市城市扩张数量规模与空间格局的模拟研究,不仅能预测城市内部城镇用地在不同空间单元的数量分配与空间分布的趋势与特征,还能有效识别不同空间单元的城镇用地扩张数量约束和空间约束,为城市扩张调控提供依据,对于最大限度降低大都市城市化过程中的生态环境风险、促使城市化与社会经济生态系统的协调发展具有重要意义。基于此,本书分别从镇域尺度和栅格尺度对城镇建设用地数量上的区域优化配置和空间上的分布格局模拟进行理论探讨和实证研究,进而为研究区城市扩张调控提供决策参考。

6.1 城镇建设用地区域优化配置

土地资源的合理配置要求在土地资源有限的条件下,按照区域间土地利用的比较优势来进行,使土地资源向其利用效益最大的区域流动,实现土地资源最优配置,达到土地资源区域配置的空间均衡(陈江龙 等,2004)。对于城市扩张中的区域优化配置而言,城镇建设用地的空间选择主要考虑自然与社会经济条件的空间供给与微观主体空间需求两个方面,但在市场不完善、政府管制失灵以及信息不完全等因素的影响下，仅仅依靠市场力量无法实现城镇建设用地的有序增长和空间优化布局（段学军 等，2009）。在我国不断加强耕地保护和生态安全警戒的背景下，综合考虑城市内部不同区域的社会经济发展条件和自然生态环境约束，优化不同区域土地资源配置，是促进城市土地资源可持续利用的重要手段之一。随着建设用地供给稀缺性的日益凸显以及对资源节约和环境友好要求的提高，通过合理的城镇建设用地区域配置来降低城镇建设扩张对农业和生态空间的胁迫尤显重要。

6.1.1 模型构建

土地利用规划的核心内容是土地利用结构的优化配置，而土地利用优化配置的基础就是土地对于某种用途是否适宜以及适宜程度的分析与评价（史同广 等，2007；王万茂，2009）。通过确定土地利用的最佳方向，判别土地利用的限制性因素类型及强度，因地制宜地制定治理和改造计划，可为合理利用、科学管理土地资源服务。城镇建设用地优化配置不仅要尽量向经济发展潜能大的区域集中，也应尽量减少对约束性较高区域的数量配置；也就是说，在经济发展潜能较大且各类约束性较小的区域，城镇建设用地配置比例应相对较大，在经济发展潜能较小且约束性较大的区域，用地分配比例则相对较小。结合第5章对区域城市扩张适宜性评价的原理与方法，本书将城镇建设用地区域优化配置转化为在一定城镇用地规模约束下不同区域城镇扩张适宜性最大化满足问题，即在达到各乡镇单元城镇扩张开发潜能和抗约束能力最大化目标的基础上，实现对城镇建设用地的优化配置。

城镇建设用地区域优化配置要实现扩张适宜性最大化目标，应该满足一定的约束条件。以城市内部各乡镇为单元进行城镇建设用地区域优化配置须满足以下条件：各乡镇单元的城镇建设用地扩张面积应小于乡镇单元土地总面积；各乡镇单元城镇建设用地扩张面积之和等于城市内部城镇建设用地总面积；各乡镇单元城镇建设用地扩张应预留一定的自然环境空间和生态保护用地。城镇建设用地优化配置模型表达式如下：

$$目标函数：E = \max\left[\sum_{i=1}^{n}(K_i \times S_i)\right] \tag{6-1}$$

$$
约束条件：\begin{cases} K_i \geqslant A_i \\ K_i \leqslant T_i - B_i \\ \sum_{i=1}^{n} K_i = T_{\text{city}} \\ 0 \leqslant K_i \leqslant 1 \end{cases} \tag{6-2}
$$

式中，E 表示城镇建设用地配置对扩张适宜性满足程度的目标函数；n 为城市内部乡镇单元的数量；K_i 为乡镇 i 的城市扩张规模；T_i 为乡镇 i 的土地总面积；S_i 为乡镇 i 的城市扩张适宜性指数；A_i 为乡镇 i 的现状城镇建设用地面积；B_i 为乡镇 i 的城镇建设用地禁止扩张面积；T_{city} 为规划期内城市范围城镇建设用地总面积。

6.1.2 模型参数设置

1. 城市扩张适宜性指数

城镇建设用地空间扩张适宜性分析是以协调城镇产业发展空间和生态保护空间为指导原则，综合评价城镇建设用地空间扩张潜能和空间扩张约束，进而识别不同区域城市扩张适宜程度。本书在城镇建设用地空间扩张潜能－约束分析基础上对其空间扩张适宜性进行定量评价。城市扩张潜能是指在相同的生产要素（资金、技术等）投入的条件下，现有的社会经济发展基础能带来的预期经济增长；经济增长幅度越大，则扩张潜能越高。城市扩张约束是指在一定资源基础和环境条件下，城市扩张可能带来的生态价值损失以及需要承担的生态成本，生态价值损失越大，则扩张约束性越强，需要承担的开发成本越高（黄平利 等,2007）。因此，城市扩张适宜性评价指标需从扩张潜能和约束两个方面选取评价指标，综合考察潜能推动力和约束阻滞力对城市扩张的共同作用。

城市扩张适宜性评价是在潜能推动力和约束阻滞力的共同作用下形成的对扩张与否及扩张强度的判断。考虑到潜能推动力与约束阻滞力之间的逆向性不利于城市扩张适宜性定量测度，本书特引入扩张潜能指数和约束逆指数来界定城镇扩张的同向作用力要素，其中扩张潜能指数表征区域城镇扩张的基础实力，扩张潜能指数越大，表示基础实力越强，越适宜开发；约束逆指数表征区域城镇扩张的抗约束能力，约束逆指数越大，表示抗约束能力越强，越适宜扩张。在对城市内部不同空间单元城市扩张的经济开发潜能和约束格局进行系统分析的基础上，分别提取扩张适宜性评价指数，运用城镇建设用地适应性评价模型即可测度扩张适宜度大小。对于城市内部不同乡镇单元而言，基于潜能 - 约束分析的城镇建设用地空间扩张适宜性评价模型可表达为：

$$S_i = \alpha_i \times Q_i + \beta_i \times K_{i\_耕} + \gamma_i \times K_{i\_生} \tag{6-3}$$

$$K_{i\_耕} = 1 - C_{i\_耕} \tag{6-4}$$

$$K_{i\_生} = 1 - C_{i\_生} \tag{6-5}$$

式中，S_i 为第 i 个乡镇的城市扩张适宜性指数；Q_i 为第 i 个乡镇的城市扩张潜能指数；$K_{i\_耕}$ 和 $K_{i\_生}$ 分别为第 i 个乡镇城市扩张的耕地保护约束逆指数和生态安全约束逆指数；$C_{i\_耕}$ 和 $C_{i\_生}$ 分别为第 i 个乡镇城市扩张的耕地保护约束指数和生态安全约束指数；α_i、β_i 和 γ_i 分别为对应指数的权重值。

城市扩张潜能主要考察不同空间单元社会经济发展对城镇扩张的推动作用，经济发展潜力越大的单元，城市扩张的潜能越大。结合相关研究成果（李震 等，2006；黄金川 等，2012；韩艳红 等，2014），本书主要从社会经济发展、基础设施建设、城镇体系规划战略等方面选取指标，其中社会经济发展要素选取城镇化水平、人口密度、地方财政收入等指标；基础设施建设要素选取建成区规模、道路密度等指标。其中城镇化水平是指城镇人口占总人口的比例，反映各乡镇城镇发展对人口的吸引力；地方财政收入反映城镇用地的经济效益；建成区规模和道路密度反映城镇建设和交通发展水平。运用多加权综合方法对城市扩张潜能指数 Q 进行计算，公式可表达为：

$$Q = \sum_{i=1}^{n} W_i \times x_i \tag{6-6}$$

式中，x_i 为第 i 项城市扩张潜能指标值；W_i 为第 i 项潜能指标的权重；n 为所有潜能指标的数量。

城市扩张约束分析及约束指数提取详见第5章，本节不再赘述。

2. 城镇建设用地总体需求量

城镇建设用地在不同乡镇单元的优化配置是对规划期内城市总体的城镇建设

用地进行指标分配，因此对城市的城镇建设用地总体需求量的预测直接影响不同乡镇的城镇建设用地规模和开发强度。一般情况下，可采用城市土地利用总体规划中城镇建设用地规划用地面积作为总体需求量，但由于城市社会经济发展的复杂性和动态性，基于规划基期人口和GDP等指标预测的规划期内的城镇建设用地面积可能与现实用地需求不符，因此有必要根据研究期社会经济发展现状对城镇建设用地的需求来调整城镇建设用地规划面积。

城镇建设用地需求预测是对一定时期内经济增长引致的城镇建设用地增长量的估算。这既不是用地数量变化趋势的简单外推，也不能根据主观意愿划定用地规模（姜海 等，2005）。通用的城镇建设用地需求预测是根据人口规模、国内生产总值、固定资产投资额等社会经济发展指标与城镇建设用地规模的关系进行单因素线性回归、多元回归分析、灰色系统分析或神经网络分析等（邱道持 等，2004；邵建英 等，2005；欧维新 等，2009；郝思雨 等，2014）。基于操作的简便性、可行性和有效性，本书主要选用二三产业产值、城镇固定资产投资两个指标，采用单要素线性回归方法，分别对城镇建设用地需求总量进行预测，在此基础上以等权相加的方法确定最终的城镇用地需求总量。

3. 城镇建设用地禁止扩张面积

依照我国耕地保护底线和生态保护红线规划的指导思想，城镇建设用地区域优化配置应以城镇扩张不侵占以粮食安全为核心的高质量耕地以及以生态安全为核心的重要生态用地为前提。基于此，对城市扩张约束面积的测算，可根据市域城镇建设用地耕地保护约束格局和生态安全约束格局构建，分别提取城市内部不同乡镇单元耕地保护极高约束和生态安全极高约束的用地面积作为耕地与生态用地的安全底线区，即为城市扩张约束面积。由于耕地保护极高约束区和生态安全极高约束区在空间上会有重合，因此，本书特将城市扩张最高约束区定义为两类约束的并集区。分别以CL_constraint和EL_constraint表示耕地保护约束区和生态安全约束区，则各乡镇城镇扩张综合约束面积 B_i 可记为：

$$B_i = \text{Area}\left(\text{CL\_constraint}_{i极高} \cup \text{EL\_constraint}_{i极高}\right) \quad (6\text{-}7)$$

6.1.3 区域用地配置模拟情景设定

情景分析法又称脚本法或前描述法，是在对事物所有可能的发展态势进行定性或定量描述的基础上，预测不同条件下事物发展可能出现的多种情况和后果（Carvalho-Ribeiro et al.，2010；李娜 等，2013）。在土地利用优化配置研究中，情景分析法较多应用在不同土地利用政策或区域发展战略背景下的土地利用结构优化与空间布局研究，通过模拟土地系统中各组成要素间的相互作用，分析区域土地利用可能出现的格局及效应，从而为土地利用变化研究以及区域自然 - 社会 - 经济系统协调发展决策提供技术支持（冯梦喆 等，2013）。

本书对城市扩张的情景分析主要立足于城镇用地扩张可能带来的不同经济增长以及生态健康效应，对研究区未来的城镇建设用地区域配置设定三种情景，具体如下：

（1）经济发展导向情景。在该情景模式下，城镇建设用地开发主要以满足区域整体的社会经济高速发展要求为目标；城镇建设用地的区域配置比例倾向于经济增长潜能较高的空间单元。

（2）生态保护导向情景。在该情景模式下，城镇建设用地开发更注重土地资源的自然生产能力和生态服务价值功能，加强耕地保护和生态保护；城镇用地配置主要考虑自然环境约束较低的空间单元。

（3）生态 - 经济协调情景。在该情景模式下，城镇建设用地开发既要满足空间单元的经济发展需要，同时也要尽量降低其对自然生产能力和生态系统安全的威胁；城镇建设用地区域配置注重经济发展与生态保护的协调，致力于区域自然 - 经济社会的全面与持续发展。

6.2 城镇建设用地空间布局模拟

6.2.1 经典城市扩张 CA 模型

城市扩张是一个诸多人地要素相互联系、相互作用的复杂时空演变过程。已有研究表明，元胞自动机模型通过简单的局部规则模拟城市扩张复杂系统的自组织演变，能较好地描述城镇建设用地演变过程，揭示城市扩张规律（乔纪纲 等，2009）。元胞自动机模型的优势在于能直观刻画出元胞在空间维上的演化，但对时间维上的地理现象解释能力较差，因此运用元胞自动机模拟城市扩张时，往往需要借助回归分析模型校正城市扩张的社会经济发展驱动力（杨青生 等，2006）；城市扩张在受相关社会经济影响因子驱动的过程中，也必然承受来自不同限制发展单元的约束，以及邻域不同土地类型和功能元胞的作用；此外，动态发展的城市扩张过程具有较强的不确定性，城市扩张 CA 模型的设计有必要考虑随机变量的控制。基于此，经典城市扩张 CA 模型对城市空间格局演变的解释可以概括为：在城市扩张适宜性分析基础上，同步考虑邻域作用和城市扩张不确定性的研究方法（He et al.，2006）。城市扩张 CA 模型可以描述为（马世发 等，2013）：

$$P_{ij}^{t} = P_{ij} \times \phi_{ij}^{t} \times \varphi_{ij} \times RA \qquad (6-8)$$

式中，P_{ij}^{t} 表示二维元胞空间中元胞 (i,j) 在 t 时刻转换为城市用地的概率；其他变量依次为：

（1）P_{ij} 表示在区域空间变量作用下，元胞 (i,j) 的城市发展条件概率，即城市扩张的可能性与相关空间变量之间的关系。这种关系可用逻辑回归模型表示，其变量参数值可通过历史数据校正。其表达式为：

$$P_{ij} = \frac{1}{1 + \exp(-z_{ij})} \qquad (6-9)$$

式中，$Z_{ij} = \alpha_0 + \alpha_1 x_1 + \alpha_2 x_2 + \cdots + \alpha_k x_k$，$Z_{ij}$ 表示一定历史时期元胞 (i,j) 的城市扩张条件。设 $x_1, x_2, \cdots, x_k$ 为影响城市扩张的区域空间变量，如高程、坡度、距城市干道的距离、距城中心的距离、距镇中心的距离等，$\alpha_0, \alpha_1, \alpha_2, \cdots, \alpha_k$ 为对应空间变量的逻辑回归系数。

（2）ϕ_{ij}^{t} 表示元胞 (i,j) 的邻域函数，以 3×3 邻域为例，其计算公式（张亦汉 等，2013）如下：

$$\phi_{ij}^{t} = \frac{\sum_{3 \times 3} \mathrm{con}\left(S_{ij}^{t} = \mathrm{urban}\right)}{3 \times 3 - 1} \qquad (6-10)$$

式中，ϕ_{ij}^{t} 表示 t 时刻元胞 (i,j) 的 3×3 邻域作用值；con( ) 为条件函数；S_{ij}^{t} 为该元

胞 t 时刻的状态，当元胞 (i, j) 是城市元胞时，值为1，否则为0。

（3） φ_{ij} 表示元胞 (i, j) 的转换约束条件。城市扩张会受到耕地保护、生态安全保护等政策约束，这些约束具体表现为水域、林地、山体、基本农田等限制开发单元。城市扩张空间约束表达式为：

$$\varphi_{ij} = \mathrm{con}\left(S_{ij}^{t} = suitable\right) \tag{6-11}$$

式中，con( ) 是判断元胞 (i, j) 是否为禁止转换的条件函数。根据不可扩张图层中该元胞的当前状态属性值，即可决定其下一时刻的状态。 $\varphi_{ij} \in \{0, 1\}$ ，0表示禁止成为城市用地，1表示可以成为城市用地。

（4） RA 表示元胞转换的随机影响因子。城市扩张过程会受到政策调整、经济环境变化和自然灾害等随机因素的作用，为体现这些不确定性因子，城市扩张CA模型会引入随机变量。其表达式为：

$$RA = 1 + \left(-\ln \gamma\right)^{\sigma} \tag{6-12}$$

式中， γ 是取值为（0，1）的动态随机数； σ 是控制随机变量影响大小的参数，取值为1~10之间的整数。 σ 值越大，模型中随机因素的影响越大，反之越小（甘喜庆，2008）。

6.2.2 基于空间差异性的城镇扩张 CA 模型

经典城市扩张 CA 模型主要依据地理学第一定律来刻画城市元胞在扩张中的转换概率，以此构建元胞状态转换模型。近年来，学者们在探讨元胞在邻域中的空间相互作用的同时，逐渐意识到地理空间分异性对元胞转换概率的影响（乔纪纲 等，2009）。城市扩张过程不仅受自然与经济区位因子的影响，同时也会因为城市空间发展战略导向而呈现较大的区域差异。如前所述，城镇体系规划以及城市功能区划等发展战略均会使城市内部空间发展不均衡，因此在运用 CA 模型模拟城镇扩张时，有必要将差异化空间发展战略融入规划决策，以避免空间演化趋同（马世发 等，2015）。借鉴相关研究成果，本书在运用 CA 模型对城市扩张进行模拟时主要从如下几方面考虑空间差异性对元胞扩张转换的影响：

1. 扩张条件概率

CA 模型中的城市元胞扩张条件概率主要通过历史数据的 Logistic 回归训练获取。本书在选取典型的自然条件和社会经济区位要素作为回归分析因子的同时，将城镇等级体系规划与城市空间总体布局等战略要素空间化后纳入回归分析中，以反映城市空间发展战略对城市扩张的驱动作用。

2. 区域用地配置

城市由不同尺度的空间单元构成，既可以是大小相同的微观粒度单元——元胞，也可以是具有较大社会经济差异性的不同行政区划单位。城镇建设用地规划与管理，不仅要考虑城市整体的资源开发与利用，还应考虑不同等级乡镇单元的区域协调和发展。现实中，城镇建设用地规划指标在不同行政单元的分配也会对城镇建设用地的空间布局产生影响。基于土地利用规划需求，有必要引入不同空间单元的数量约束来体现差异性，弥补经典 CA 模型模拟上的不足。具体而言，可通过设定城市内不同乡镇单元的城镇建设用地规模阈值，在预先控制迭代次数的情况下，依次从不同行政单元内选择概率最高的元胞进行状态更新。基于元胞 (i, j) 在 t 时刻城市用地转换概率的估计，该元胞在 $t+1$ 时刻是否为城市用地可以通过下式来判别：

$$S_{ij}^{t+1} = \begin{cases} \text{developed,} & p_{ij}^t \in p_0 \\ \text{undeveloped,} & p_{ij}^t \notin p_0 \end{cases} \qquad (6\text{-}13)$$

式中，p_0 为城市内部满足更新数量需求的发展概率最高的元胞集合。

3. 系统迭代

CA 模型通常在既定的土地利用配置方案基础上对最可能的空间发展形态进行识别。通常土地利用总体规划以年为时间计量单位，但为了体现土地利用变化模拟对不确定性的表达，有学者将年份按月份或更小的时间计量单位进行拆解。基于此，兼顾对城镇扩张区域差异性的考虑，本书以区域内次级行政单元的数量约束达标为迭代终止条件，系统迭代次数则依据区域内变化量最大的行政单元的城镇扩张数量指标来确定。

6.2.3 空间布局模拟情景设定

城镇建设用地区域优化配置在不同空间单元城镇开发潜能与约束的数量作用下形成,城镇建设用地在空间上的合理布局则会受不同空间要素及其相互作用的影响。不同发展条件和政策背景对空间要素及其相互关系同样会产生不用的作用,进而促使差异化的城市扩张格局形成。根据城镇扩张空间演化的一般规律,并结合 CA 模型运行原理,本书对城市扩张设定规模约束模式、底线控制模式和政府引导模式三种情景,以期通过对不同情景下城镇建设用地空间扩张模拟的对比研究,为城市土地利用规划和空间规划提供决策参考。

(1)规模约束模式。该模式下的城镇建设用地空间扩张主要受区域内不同空间单元扩张规模的约束,不考虑空间约束作用。在运用 CA 模型模拟时仅考虑城镇扩张的历史转换概率、邻域作用、随机因子以及各空间单元的数量约束。

(2)底线控制模式。该模式下的城市扩张不仅受规模约束,而且必须控制在耕地保护和生态安全格局极度敏感的范围之外。在运用 CA 模型模拟时将禁止扩张区域作为扩张约束的底线区域,对城镇扩张设定空间约束条件。

(3)政府引导模式。该模式主要反映在底线控制的基础上,针对扩张适宜性较高但受区位因子限制的空间单元,政府通过调整产业布局、加强基础设施建设等方式引导其城镇建设和发展。在运用 CA 模型模拟时可暂不考虑空间区位变量对元胞转换概率的影响。

6.3 城市扩张管控分区

城市扩张情景模拟能为武汉市未来的用地数量规划与空间布局决策提供参考,在现实中则往往需要通过政府引导来实现城市土地的可持续开发利用,因此,有必要结合城市扩张空间约束要素分析,为地方政府实施城市扩张管控提供科学依据。根据我国现阶段耕地保护和生态保护政策要求,本书拟将耕地保护等级体系与生态安全格局相结合,通过区域耕地 - 生态综合安全格局的构建,划定城镇建设用地空间管控分区,以期为城市扩张的空间管制与调控提供决策依据。

　　耕地‑生态综合安全格局的构建主要以生态安全格局为主导，将耕地保护极度约束区和生态安全极低区合并作为综合安全格局的极低区，其他区域按生态安全等级进行划分，最终形成耕地‑生态综合安全等级格局。在此基础上，依据城市开发"弹性边界"与"刚性底线"相结合的空间管控思想（程永辉等，2015），结合耕地‑生态综合安全格局和现状城镇建设用地分布，可将综合安全格局中的高安全区、中安全区、低安全区和极低安全区分别确定为优先建设区、有条件建设区、限制建设区和禁止建设区，并依据不同分区内的现状城镇建设用地分布划定城市扩张边界（见表6-1）。

表6-1　基于耕地‑生态综合安全格局的武汉市城市扩张边界划分

综合生态安全等级	现状用地类型	城镇建设分区	城市扩张边界
极低安全区	城镇建设用地	禁止建设区	整治边界
	非城镇建设用地		禁止扩张边界
低安全区	城镇建设用地	限制建设区	整治边界
	非城镇建设用地		限制扩张边界
中安全区	城镇建设用地	有条件建设区	挖潜边界
	非城镇建设用地		条件扩张边界
高安全区	城镇建设用地	优先建设区	挖潜边界
	非城镇建设用地		优先扩张边界

　　对于已有的城镇建设用地区，主要划定整治边界和挖潜边界：整治边界的划定主要针对耕地‑生态安全极低水平和生态低水平区域，以耕地‑生态安全保护为出发点，立足城市生态安全格局的构建与维护，严格控制和管理危害生态安全的城镇建设用地再开发利用；挖潜边界则是在生态安全具有中等水平和高水平区域，通过城镇建设用地集约节约利用，充分挖潜，盘活存量，减少城市扩张对生态安全的威胁。对于非城镇建设用地区，则根据生态安全等级高低分别划定优先扩张边界、条件扩张边界、限制扩张边界和禁止扩张边界：优先扩张边界是生态安全水平较高、依据规划确定的扩张规模指标可以优先开展城镇扩张的区域；条件扩张边界是在不危害现有生态安全、在不突破控制指标的前提下适度开展城镇建设

的区域；限制扩张边界是指生态安全处于临界水平、只允许特定条件下开展城镇建设的区域；禁止扩张边界是规划禁止建设区的刚性边界，以耕地 - 生态安全底线为基准，区内禁止一切建设活动。

6.4 武汉市城市扩张模拟与管控

6.4.1 武汉市城镇建设用地区域优化配置

1. 武汉市城市扩张适宜性分析

（1）城市扩张潜能指数测算。基于数据的可获取性，本书收集整理了武汉市2013年85个乡镇的城镇化水平、人口密度、地均财政收入、建成区规模以及道路密度等数据，以测算城市扩张潜能指数。为消除各评价指标量纲问题，需要对指标数据进行归一化处理。本书采用 Min-max 标准化方法对指标进行归一化处理，标准化的公式可表达为：

$$x_{i(\Phi)} = \frac{x_i - \min x_i}{\max x_i - \min x_i} \qquad (6\text{-}14)$$

式中，x_i 为第 i 项指标的原数据；$x_{i(\Phi)}$ 为标准化后数据；$\max x_i$ 和 $\min x_i$ 分别为原数据的最大值和最小值。各项潜能指标的权重则采用客观赋权方法中的变异系数法来确定。变异系数法是直接利用各项指标所包含的信息，通过计算得到指标的权重，属于客观赋权方法。其主要思路为：在评价指标体系中，指标值取值差异越大的指标，即越难实现的指标，越能反映被评价单位的差距。由于评价指标体系中的各项指标的量纲不同，不宜直接比较其差别程度，因此需用各项指标的变异系数来衡量各项指标取值的差异程度。针对评价目标中的 n 个评价指标，变异系数公式如下：

$$\varepsilon_i = \frac{\sigma_i}{\overline{x_i}} \qquad (6\text{-}15)$$

式中，ε_i 是第 i 项指标的变异系数；σ_i 是第 i 项指标的标准差；$\overline{x_i}$ 是第 i 项指标的平均值。

各项指标的权重 w_i 的计算公式为：

$$w_i = \frac{\varepsilon_i}{\sum\limits_{i=1}^{n} \varepsilon_i} \qquad (6\text{-}16)$$

将标准化数据与指标权重代入式（6-6），分别对各乡镇的城市扩张潜能指数进行计算，结果显示不同等级镇域的城市扩张潜能具有较明显的层次性（见图6-1）。

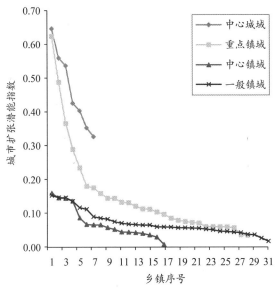

图6-1 武汉市城市扩张潜能指数

（2）城市扩张约束逆指数测算。城市扩张潜能指数较高的乡镇集中在中心城域，其中江汉区、硚口区和武昌区扩张潜能指数最高；重点镇域扩张潜能值差异较大，其中潜能指数极高区域主要集中在纱帽街、军山街、吴家山、阳逻等乡镇，极低区域为滠口街和邾城街；中心镇域和一般镇域的各乡镇城镇扩张潜能指数差异相对较小。彩图35显示了武汉市城市扩张潜能指数在不同乡镇单元的空间分布格局。将武汉市不同乡镇单元城市扩张的耕地保护约束指数和生态安全约束指数计算结果代入式（6-4）和式（6-5），可获取武汉市城市扩张耕地保护和生态安全约束逆指数。由计算结果可知，不同乡镇单元城市扩张的约束逆指数与约束指数大小相对。由于第5章5.5节中已详细分析了武汉市城市扩张约束指数的区域分布格局，在此对约束逆指数的空间分布不再赘述。

（3）城市扩张适宜性指数测算。根据武汉市城镇建设用地区域优化配置的三种情景设置，本书采用对各乡镇城镇扩张潜能指数、耕地保护约束逆指数和生态安全约束逆指数分情景赋权的方法，对不同情景下的城市扩张适宜性进行预测，相关指标权重见表6-2。

表6-2 不同情景下城镇建设用地适宜性评价指标权重

情景	城镇扩张潜能指数	耕地保护约束逆指数	生态安全约束逆指数
情景1	0.8	0.1	0.1
情景2	0.2	0.4	0.4
情景3	0.5	0.25	0.25

分别将不同情景下城镇扩张潜能指数、耕地保护约束逆指数和生态安全约束逆指数的权重代入式（6-3），计算各乡镇城市扩张适宜性指数。运用自然断点法对扩张适宜性指数分级，将扩张适宜性等级划分为高适宜性、较高适宜性、中适宜性、较低适宜性和低适宜性5个级别，最终获取不同情景下武汉市各镇域城市扩张适宜性指数对比图（见图6-2）和适宜性等级空间分布格局（见彩图36）。结果显示：经济发展导向情景中扩张适宜性较高的乡镇，由于受扩张约束的限制，在生态保护导向情景中的扩张适宜性明显下降；在生态-经济协调情景下，中心城域的扩张适宜性主要为高适宜性和较高适宜性，重点镇域的少数乡镇呈现高适宜性和较高适宜性，大部分乡镇的扩张适宜水平为中适宜和较低适宜，中心镇域和一般镇域的各乡镇城镇的扩张适宜性水平差异较小，多为低适宜性和较低适宜性。对比不同情景下各镇域城市扩张适宜性等级空间分布可见，武汉市城市扩张高适宜区、较高适宜区和中适宜区主要集中在中心镇域并向蔡甸区、东西湖区、江夏区、新洲区和洪山郊区各重点镇延伸，适宜性等级由市中心向外呈明显的扩散效应；不同适宜性等级乡镇集聚性较高，体现了较强的空间关联性特征。

2. 武汉市城镇建设用地需求总量预测

通过对比武汉市相关规划对城镇建设用地需求总量的预测可知，不同规划方案中的城镇用地需求总量差异较大，其中《武汉市土地利用总体规划（2006~2020

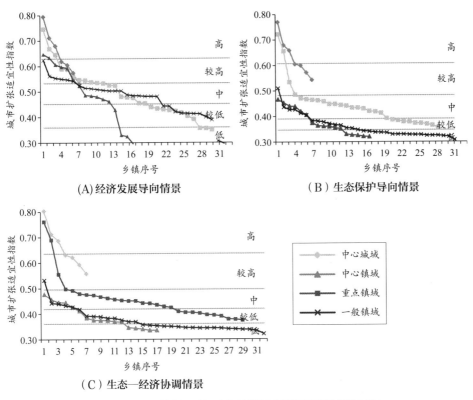

图6-2　不同情景下武汉市各镇域城市扩张适宜性指数对比

年）》对2020年武汉市城镇工矿用地规模预测为910 km，《武汉市城市总体规划（2010—2020年）》则提出2020年武汉市城镇建设用地控制在1 030 km以内。武汉市2013年的城镇建设用地面积为883.15 km²，由1996—2013年各阶段武汉市城市扩张强度可知，若以17年间城镇用地平均扩张强度0.35计，则2020年城镇建设用地面积至少增加209.45 km²，即使以1996—2002年间城镇用地扩张的最低扩张强度0.26计，2020年城镇建设用地面积也应增加155.59 km²，两种计算方法得到的规划期末城镇建设用地需求总量分别为1 092.6 km²和1 038.74 km²。这与武汉市主要规划战略中，特别是土地利用总体规划中预测的需求量有较大差距。

　　为更合理地预测武汉市城镇建设用地需求总量，本书基于对经济增长引致的城镇建设用地增长量估算，选用二三产业产值和城镇固定资产投资两个指标，采用单要素线性回归方法，分别对城镇建设用地需求总量进行预测。根据麦肯锡全球研究院对武汉市社会经济发展态势的分析，结合近年来武汉市经济发展形势的变化，预测2020年武汉市二三产业 GDP 总量和固定资产投资额增长量将达到1 523.6亿元和1 173.65亿元；根据1996—2014年间不同年份武汉市地均二三产业 GDP 增长量和地均城镇固定资产投资增长量，分别采用线性、指数和多项式拟合方法预测2020年武汉市地均二三产业 GDP 和地均城镇固定资产投资额增长情况（见图6-3），并根据拟合程度最高的方程式分别计算武汉市2020年城镇建设用地面积。依据地均二三产业 GDP 增长变化的指数拟合方程计算可得城镇建设用地需求量为1 018.22 km²；依据地均城镇固定资产投资额增长变化的多项式拟合方程计算可得城镇建设用地需求量为935.47 km²。基于以上分析，本书对根据扩张强度和经济发展水平计算的四类城镇建设用地需求预测，以等权求和的方式最终得到武汉市2020年城镇建设用地需求总量约为1 021.26 km²。

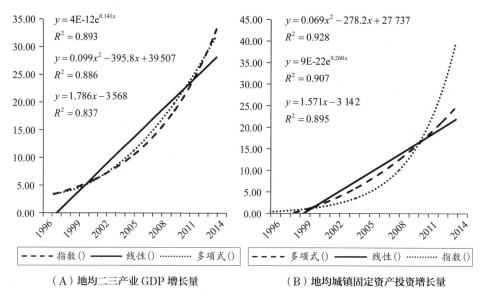

（A）地均二三产业 GDP 增长量　　　　（B）地均城镇固定资产投资增长量

图6-3　武汉市城镇建设用地地均投入与产出变化趋势模拟

3. 武汉市城市扩张数量约束测算

基于武汉市城镇建设用地耕地保护约束格局与生态安全约束格局（见第5章5.3和5.4节），分别提取耕地保护极度约束和生态安全保护极度约束图层，利用栅格计算工具，根据式（6-7）提取武汉市城市扩张最高等级综合约束图层，扣除已建区域并运用 Tabulate Area 工具统计各乡镇单元城镇建设用地禁止扩张面积。结果显示，武汉市禁止扩张面积为5 128.97 km²，约占全市总面积的60%，扣除2013年城镇建设用地面积，则可扩张用地面积约为2 536.98 km²。由图6-4可知，不同等级镇域禁止建设用地规模差异较大，一般镇域各乡镇禁建规模普遍较高，最高禁建比例为95%，平均禁建比例为70%；中心镇域各乡镇平均禁建比例为70%，最高禁建比例为86%；重点镇域和中心城域平均禁建比例分别为41%和21%，最高禁建比例分别为72%和40%。与此对应，各镇域乡镇城镇扩张的可拓面积随镇域等级的提高而增加。

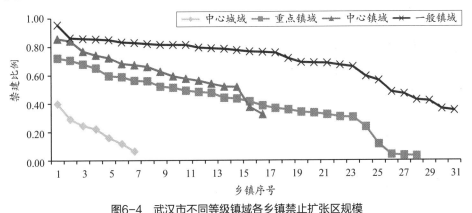

图6-4 武汉市不同等级镇域各乡镇禁止扩张区规模

4.武汉市城镇建设用地区域优化配置方案选取

以武汉市不同情景城镇建设用地适宜性评价结果作为优化配置的基础，以武汉市2020年城镇建设用地需求预测量作为总体约束条件，以各乡镇单元禁止扩张地域面积作为区域约束条件，代入式（6-1）和式（6-2），运用 Matlab 7.0软件平台编程求解各乡镇2020年城镇建设用地配置面积。运用自然断点法对预测结果进行分类，可得武汉市不同情景下城镇建设用地配置模拟分布图（见彩图37）。统计结果显示，不同情景下城市扩张重点区域主要集中在城镇建设用地比例高于27%的乡镇单元，且扩张规模较大的区域均集中在用地比例为27%~78%的乡镇单元。对具有不同类别用地比例的各乡镇单元的城市扩张潜能指数、耕地保护约束指数和生态安全约束指数取平均值，对比不同情景下城镇建设用地区域配置结果。由表6-3可见，三种情景模拟结果的城镇建设用地配置比例总体上与扩张潜能指数呈正向关系，而与耕地保护和生态安全约束呈反向关系；城镇建设用地比例小于5%的耕地保护约束指数均值和生态保护约束指数均值差异较小，均能体现城镇用地扩张对耕地保护和生态安全要求的满足；城镇建设用地比例大于78%的乡镇单元，各项指数均值差异较大，集中体现了不同政策背景下城镇扩张对耕地保护和生态安全要求满足的差异性；城镇建设用地比例在27%~78%的乡镇单元，是城镇用地扩张最为剧烈的空间单元，数据显示该类乡镇单元在三种情景下的耕地保护和生态安全约束指数均值差异较小，但情景3中的经济发展潜能均值却同时高于情景1和情景2，说明在未来武汉市城镇扩张最为激烈的空间单元，选用情景3的城镇建设用地区域配置方案，能在同样满足耕地保护和生态安全要求的条件下，更充分地发挥其经济增长潜能。综合而言，情景3的城镇建设用地区域配置为最优方案。

表6-3 不同情景下城镇建设用地区域配置模拟结果对比

用地比例	情景 1			情景 2			情景 3		
	$\bar{Q}$	$\bar{C}_{耕}$	$\bar{C}_{生}$	$\bar{Q}$	$\bar{C}_{耕}$	$\bar{C}_{生}$	$\bar{Q}$	$\bar{C}_{耕}$	$\bar{C}_{生}$
0~5%	0.06	0.38	0.30	0.07	0.39	0.29	0.06	0.39	0.29
5%~14%	0.09	0.28	0.26	0.10	0.30	0.27	0.09	0.28	0.26
14%~27%	0.14	0.29	0.24	0.13	0.27	0.25	0.13	0.27	0.25
27%~78%	0.31	0.19	0.18	0.27	0.15	0.19	0.32	0.18	0.19
78%~97%	0.54	0.12	0.05	0.45	0.13	0.08	0.46	0.14	0.07

注：$\bar{Q}$为潜能指数平均值；$\bar{C}_{耕}$为耕地保护约束指数平均值；$\bar{C}_{生}$为生态安全约束指数平均值。

由生态-经济协调情景下的城镇建设用地配置方案可知，武汉市2020年城市扩张主要分布在中心城域和重点镇域（详见表6-4），扩张面积分别为67.58 km²和36.05 km²，扩张规模和扩张强度最高的地区为东西湖区的长青街和将军路街，其次为汉阳区，江汉区和武昌区扩张规模相对较小。此外，一般镇域的东山街扩张规模较高，扩张面积为35.85 km²，用地比例较2013年增加了53.04%。

6.4.2 武汉市城镇建设用地空间扩张模拟

基于前述城市扩张 CA 模型构建原理，本书利用 Netlogo 5.3软件对武汉市城镇建设用地空间扩张进行模拟研究，通过2006—2013年间的城市扩张模拟提取 CA 模型参数并对模拟精度进行验证，进而模拟武汉市2013—2020年不同扩张模式情景下的城镇建设用地空间扩张。

表6-4　武汉市2020年城市扩张预测结果

城镇等级	行政区名称	扩张面积/km²	扩张规模	扩张强度	扩张能指数	耕地护约指数	生态全约束数
中心城域	江岸区	8.92	11.10%	1.59	0.43	0.15	0.17
	江汉区	0.42	1.49%	0.21	0.65	0.00	0.03
	硚口区	4.25	10.60%	1.51	0.56	0.15	0.08
	汉阳区	23.67	21.24%	3.03	0.35	0.15	0.14
	武昌区	1.53	2.37%	0.34	0.54	0.15	0.12
	青山区	7.80	13.65%	1.95	0.40	0.15	0.09
	洪山城区	20.99	10.14%	1.45	0.33	0.15	0.22
重点镇域	吴家山	0.34	7.84%	1.12	0.62	0.15	0.02
	长青街	13.84	66.42%	9.49	0.17	0.26	0.11
	将军路街	10.24	62.51%	8.93	0.18	0.15	0.22
	常青花园	0.32	8.53%	1.22	0.49	0.15	0.04
	沌口街	11.32	12.52%	1.79	0.29	0.18	0.19
一般镇域	东山街	35.85	53.04%	7.58	0.37	0.33	0.19

1. 城市扩张 CA 模型参数识别

（1）扩张条件概率。本书通过对2006—2013年间城市扩张的抽样 Logistic 回归分析获取 CA 模型的历史转换概率参数。立足城市内部的空间差异性，将城市空间总体总局和城镇体系规划对城镇扩张的区域不平衡性作为重要驱动因素，纳入回归分析变量，通过修正的 FSM-Logistic 回归分析方法获取武汉市城镇建设扩张的条件概率参数。回归变量选取、随机抽样方法以及 FSM-Logistic 回归分析详见第4章4.2和4.3节，最终条件概率依据表4-4中模型3的各变量因子回归系数来确定。依据回归分析结果，武汉市城镇建设用地元胞（ij）的历史转换概率可以表示为：

$$\ln\left(\frac{P}{1-P}\right) = 4.375 + 0.086x_1 - 0.000\ 001x_2 + 0.000\ 01x_3 + 0.000\ 005x_4$$
$$-0.000\ 3\ x_5 - 0.000\ 06x_6 + 0.000\ 05x_7 - 0.000\ 03x_8$$
$$-0.000\ 08x_9 - 0.000\ 002x_{10} + 1.168x_{11} + 0.164x_{12}$$

式中，P 为城市元胞的历史转换概率；$x_1, x_2, \cdots, x_{12}$ 依次为坡度，距主要河流、一般河流、湖泊、主干道、次干道、高速路、市中心、重点镇、中心镇的最近距离，城市功能区等级和城镇辐射场强变量。

（2）邻域作用函数。本书以武汉市2006年和2013年城镇建设用地空间分布图为矢量底图，并转换为150 m×150 m栅格图作为 CA 模拟图层，在计算元胞（扩展摩尔型）邻域作用函数时，主要根据城镇建设用地元胞的空间自相关性在回归分析中的贡献作用来确定，具体操作步骤详见第4章中4.3.1部分。根据 Auto-FSM-Logistic 系列回归模型的检验结果可知，邻域半径为2（5×5邻域）时城市扩张模拟效果最佳，则武汉市城市扩张模拟的元胞邻域函数可表示为：

$$\phi_{ij}^t = \frac{\sum_{5\times5} \mathrm{con}\left(S_{ij}^t = \mathrm{urban}\right)}{5\times5-1}$$

（3）空间扩张约束。本书对武汉市城镇建设用地空间扩张约束的设定包括数量约束和空间约束两个方面：数量约束是通过武汉市城市扩张的区域分配指标来确定；空间约束则是指武汉市城镇建设用地禁建区域的划定。2006—2013年的城市扩张模拟数量约束以2013年武汉市各乡镇的城镇建设用地数量来确定，2013—2020年的扩张模拟数量约束则以2020年武汉市各乡镇城镇建设用地区域优化配置方案为准。不同模拟研究时段的空间约束则根据第5章中耕地保护约束格局和生态安全格局分析方法分别提取极度约束区域，在扣除掉模拟期初的城镇建设用地后，获取禁止建设区作为空间约束。彩图38和彩图39显示了武汉市2006年和2013年城镇建设用地空间约束分布。

2. 2006—2013年城市扩张模拟与验证

为验证模型模拟精度，以2006年为 CA 系统迭代起始点，以2013年作为迭代终止点，将 FSM-Logistic 回归得到的空间驱动变量系数、各空间变量栅格数据集、约束条件栅格数据集、迭代起始栅格数据集以及模拟终止年各乡镇的城镇建设用地数量文件作为模型输入，输入系统进行迭代演化，其中邻域设置为5×5元胞空间，基于随机因素影响较大的假设将随机作用参数 σ 设置为7，根据2006—2013年间城镇建设用地变化量最大的区域洪山城区的新增用地数量确定最高迭代次数为500次。通过系统迭代，分别获取不同扩张模式情景下的武汉市2013年城市扩张模拟与现实对比图（见彩图40）。

运用混淆矩阵分别对武汉市不同情景下城市扩张的模拟精度进行评定，由表6-5、表6-6和表6-7可见，不同情景下系统模拟的总体精度分别高达93.03%、93.84%和93.90%，Kappa 系数分别为0.610、0.655和0.659，对比第4章中的系列 Logistic 回归模拟结果，模拟精度有所提高，其中底线控制和政府引导两种情景模拟的精度相比 Auto-FSM-Logistic 模拟的最高精度，分别提高了2.45% 和3.34%。相比这两种情景模拟，缺乏空间约束的规模约束情景扩张模拟精度较低，说明基于区域数量与空间差异性双重约束的 CA 模型对城市扩张具有更好的模拟效果。

表6-5　2013年武汉市规模约束模式下的城市扩张模拟精度评定

栅格数量	2013 年模拟结果				模拟精度
	用地类型	城镇	非城镇	总计	
2013 年真实情况	城镇	26 697	12 491	39 188	68.13%
	非城镇	13 738	323 439	337 177	95.93%
	总计	40 435	335 930	376 365	93.03%
	Kappa 系数 =0.610				

表6-6　2013年武汉市底线控制模式下的城市扩张模拟精度评定

栅格数量	2013 年模拟结果				模拟精度
	用地类型	城镇	非城镇	总计	
2013 年真实情况	城镇	28 223	10 965	39 188	72.02%
	非城镇	12 207	324 970	337 177	96.38%
	总计	40 430	335 935	376 365	93.84%
	Kappa 系数 =0.655				

3. 2013—2020年城镇建设用地空间扩张情景模拟

（1）扩张情景模拟。在邻域因子和随机作用参数不变的情况下，将2013—2020年模拟参数识别结果代入CA模型，依据武汉市各乡镇城镇建设用地指标模拟分配方案，以扩张量最大的东山街用地数量确定迭代次数为200次。根据三种城镇扩张模式的情景设定分别将对应的模型参数与数据集输入系统进行迭代演化，其中规模约束模式下的模拟取消空间约束图层输入；政府引导模式下的模拟则以底线控制模拟的结果为模拟起始点数据。武汉市2020年城镇建设用地空间扩张情景模拟结果详见彩图41。

表6-7　2013年武汉市政府引导模式下的城市扩张模拟精度评定

栅格数量	2013年模拟结果				模拟精度
	用地类型	城镇	非城镇	总计	
2013年真实情况	城镇	28 432	10 756	39 188	72.55%
	非城镇	12 198	324 979	337 177	96.38%
	总计	40 630	335 735	376 365	93.90%
	Kappa系数 =0.659				

由不同模拟情景下的城镇建设用地栅格数量统计可知，政府引导模式下的城镇用地规模约为1 014.35 km^2，规模约束和底线控制模式下的用地规模约为985.43 km^{2}和981.16 km^2，三种模拟方案均未达到武汉市城市扩张需求总量的预测目标。

从栅格总量来看，模拟误差较小，分别为0.68%、3.51%和3.93%。对比不同情景CA模拟系统的参数输入与运行可知，规模约束模式因为部分乡镇未受空间约束而实现比底线控制模式更多的用地扩张；而政府引导模式以不考虑空间区位变量对扩张概率的限制为条件，使得在另外两种模式下扩张受限的乡镇实现了较多的城镇用地规模增加。以东山街为例，在规模约束和底线控制模式下的扩张规模不及1%，而在政府引导模式下的扩张规模为88%。

（2）模拟对比分析。通过对不同模拟情景下城镇建设用地各类景观指数进行计算可知，规模约束模式下城镇建设用地最大斑块面积（LPI）、集聚度（AI）、斑块内聚力指数（COHESION）以及丛聚指数（CLUMPY）均高于其他两种模式，反映了在不受空间约束的情况下，城镇建设用地斑块具有较高的优势度和集聚特征，但斑块面积周长分形维数（PAFRAC）的对比则反映了底线控制模式下的城镇建设用地具有更明显的形状不规则性和复杂性。此外，形状指数（LSI）的对比则显示政府引导模式下的城镇扩张总体上呈现更强的斑块离散性（见表6-8）。将不同情景模拟图层分别与武汉市2013年土地利用现状图层叠加，对不同模拟情景下城市扩张对其他用地类型的占用比例进行分析，由表6-9可见，不同情景下的扩张占地类型及占用规模具有较大差异，主要表现在：仅受规模约束的扩张模式对水域生态用地的占用比例较其他模式高；底线控制模式和政府引导模式下的扩张则主要以占用其他农用地和耕地为主；此外，底线控制模式还表现出对农村居民点较高的占用率。

表6-8　不同模拟情景下城镇建设用地景观指数

模拟情景	LPI	LSI	PAFRAC	AI	COHESION	CLUMPY
规模约束	3.76	33.16	1.412	84.55	97.61	0.825
底线控制	3.43	34.22	1.408	84.00	97.45	0.819
政府引导	3.52	34.53	1.410	84.12	97.51	0.820

表6-9　不同模拟情景下城市扩张占用其他地类比例

模拟情景	耕地	林地	其他农用地	农村居民点	其他建设用地	水域	未利用地
规模约束	15.83	4.34	17.39	16.00	18.00	26.94	1.50
底线控制	22.80	2.06	33.72	21.81	16.69	2.04	0.88
政府引导	26.21	1.87	37.11	18.60	13.77	1.66	0.78

对不同模拟情景下武汉市主要生态用地类型的景观指数进行计算，再选取具有显著差异特征的指数进行对比，由表6-10可知，不同扩张情景下的生态用地规模与景观指数亦有较大差异，主要表现在：相对于2013年980.16 km²和1 233.76 km²的用地规模，仅受规模约束的扩张模式导致林地和水域面积（CA）减少幅度较大，反映了底线控制和政府引导扩张模式对生态用地的保护较好；从林地斑块形状指数（LSI）和集聚度（AI）来看，政府引导扩张模式下的林地斑块集聚水平最高、斑块形状最规则，底线控制模式下的同类景观特征水平较低，但差异较小；水域用

◎ 基于城镇体系规划视角的城市扩张模拟研究

地斑块对应的指数则显示，底线控制模式下的水域用地集聚分布最明显；规模约束模式下的生态用地集聚水平相对较低（表中 AI 值越小越集聚）。总体而言，考虑生态安全格局空间约束的底线控制和政府引导扩张模式能更好地控制生态景观的破碎化和离散分布。

表6-10　不同模拟情景下生态用地类型景观指数

模拟情景	CA		LSI		AI	
	林地	水域	林地	水域	林地	水域
规模约束	957.44	1 192.37	85.22	40.29	58.93	82.84
底线控制	959.90	1 218.26	85.26	40.17	58.92	83.07
政府引导	959.47	1 218.08	85.18	40.15	58.94	83.08

总体而言，武汉市2020年城市扩张模拟虽然没有完全实现规划目标，但不同情景下城镇扩张规模、景观指数和扩张占地等方面的差异对比，却能较好地反映不同扩张模式的特征，对于武汉市未来城镇建设用地规划与管理决策具有一定的参考价值和意义：

（1）规模约束模式在没有空间约束的情况下占用的用地类型主要为水域，这与武汉市水域众多、分布广泛的现实相契合。以大量湿地生态资源被占用以及可能产生生态环境破坏为代价来推动的城市扩张模式，显然不符合我国严控扩张边界、加强生态建设的城市发展要求，因此仅以规模约束来调控城镇建设用地的模式不宜被采用。

（2）政府引导模式下的城市扩张模拟特征与近年来武汉城市扩张的现实极为相似：城镇用地规模扩大，集聚度加强，对耕地和农用地的占用比例不断提高。虽然城镇扩张数量达到预期水平，但对耕地保护、粮食安全以及农业发展造成较大冲击。底线控制模式下的城市扩张模拟亦与现实较为相近，但在城镇扩张中，将对耕地占用的压力适度转移到农居点城镇化上，无论是对耕地保护还是对农村土地整治均具有较强的现实意义。因此，在城市土地利用规划与管理中应以底线控制模式为主导，在加强耕地保护和生态安全保护的前提下，适度采用政府引导模式，依据城镇扩展适宜性分析以及实地考察，对不同空间单元城镇用地扩张给予合理调控。

6.4.3　武汉市城镇建设用地空间扩张管控

根据耕地 - 生态综合安全格局的构建方法，将武汉市耕地保护极度约束区和生态安全极低区合并作为综合安全格局的极低区，其他区域按生态安全等级进行划分，最终形成武汉市耕地 - 生态综合安全格局（见彩图42）。叠加武汉市综合安全等级图和2013年城镇建设用地分布图，即可获取武汉市城市扩张边界（见彩图43）。

由各类边界数据统计（见表6-11）可知，武汉市城镇建设用地优先建设区和有条件建设区总占地面积约为武汉市总面积的29.62%，其中4.61%为挖潜面积，可扩张边界占地面积约为25.02%；限制建设区和禁止建设区内已建成需整治的用地面积较多，据统计约为已建城镇建设用地面积的55.65%。

表6-11　武汉市城镇建设用地空间管控分区与扩张边界统计

城镇建设用地管制分区	面积 /km²	比例	城镇建设用地扩张边界	面积 /km²	比例
禁止建设区	5 442.19	64.13%	整治边界	313.22	3.69%
			禁止扩张边界	5 128.97	60.44%
限制建设区	530.15	6.25%	整治边界	177.46	2.09%
			限制扩张边界	352.69	4.16%
有条件建设区	1 847.30	21.76%	挖潜边界	378.99	4.47%
			条件扩张边界	1 468.31	17.30%
优先建设区	666.99	7.86%	挖潜边界	12.13	0.14%
			优先扩张边界	654.86	7.72%

由城镇建设用地整治边界在不同镇域的分布（见图6-5）可知，整治边界主要分布在中心城域和重点镇域各乡镇，其中中心城域整治边界范围明显高于重点镇域（见表6-12）。中心城域整治边界主要分布在洪山城区，重点镇域整治边界主要分布在蔡甸区的沌口街、江夏区的纸坊和流芳街、新洲区的阳逻街和黄陂区的滠口街等乡镇单元，中心镇域中江夏区五里界、乌龙泉等乡镇的整治边界相对较大

（见彩图44）。

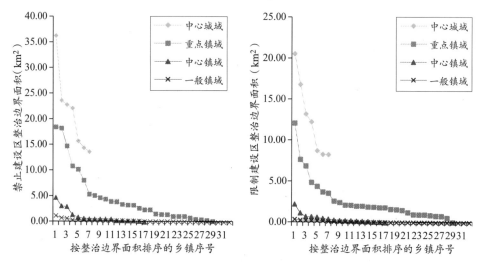

图6-5　武汉市城镇建设用地整治边界镇域分布

表6-12　武汉市城镇建设用地空间扩张边界镇域规模统计（单位：km^2）

边界	中心城域	重点镇域	中心镇域	一般镇域
优先扩张边界	14.36	235.76	198.36	203.99
条件扩张边界	35.71	570.06	422.53	439.81
限制扩张边界	16.61	132.46	99.16	104.42
禁止扩张边界	162.11	1 333.58	1 429.67	2 202.68
挖潜边界	122.13	222.71	29.97	16.31
整治边界	237.87	214.40	26.37	12.04

　　由城镇建设用地挖潜边界在不同镇域的分布（见表6-12、图6-6）可知：重点镇域是城镇扩张挖潜的主要区域；各乡镇有条件建设区的挖潜规模明显高于优先建设区；挖潜边界在中心城域和重点镇域各乡镇的规模差异较大，其中中心城域最具挖潜实力的仍是洪山城区，其次为汉阳区，挖潜边界总规模分别为45.14 km^2和28.69 km^2，重点镇域挖潜边界规模较大的乡镇主要分布在沌口街、纸坊街和流芳街等乡镇，中心镇域挖潜规模较大的乡镇主要为五里界、双柳街和大集街等（见彩图45）。

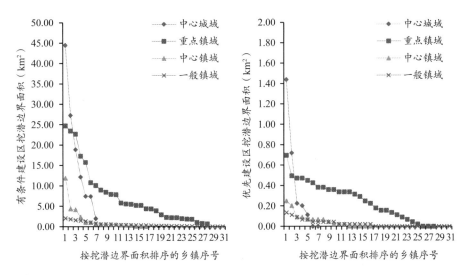

图6-6 武汉市城镇建设用地挖潜边界镇域分布

由城镇建设用地不同类型扩张边界规模在不同镇域的分布（见表6-12、图6-7、图6-8、图6-9）可见，各镇域条件扩张边界内的可扩张用地规模明显高于优先扩张边界和限制扩张边界，各镇域不同类型城镇扩张边界可扩张总规模按重点镇域、一般镇域和中心镇域顺序依次减少。中心城域不同类型扩张边界用地规模最小；重点镇域中阳逻街可扩张范围最广，其次为金口街、洪山区建设乡、蔡甸街、流芳和前川街等地；中心镇域可扩张边界主要分布在双柳、五里界、仓埠和汪集街等乡镇；一般镇域可扩张边界主要分布在柏泉、横店等乡镇。武汉市城镇建设用地优先扩张和有条件扩张规模分布详见彩图46。

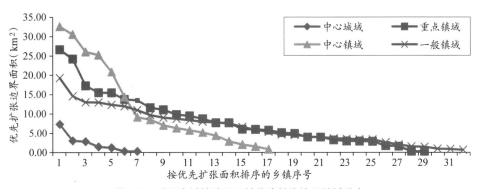

图6-7 武汉市城镇建设用地优先扩张边界镇域分布

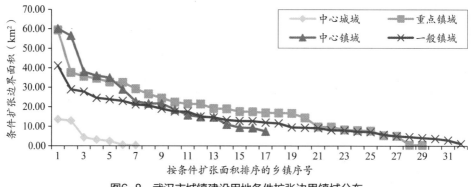

图6-8　武汉市城镇建设用地条件扩张边界镇域分布

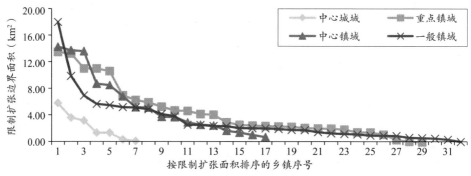

图6-9　武汉市城镇建设用地限制扩张边界镇域分布

6.5　本章小结

本章主要从用地数量优化配置和空间分布动态演化两方面对城市扩张模拟进行理论探讨和实证分析。城镇建设用地数量优化配置研究是基于城镇建设用地适宜性评价，结合城市扩张的空间约束格局，将城市内部不同乡镇单元的城镇建设用地区域优化配置，转化为在一定城镇用地规模约束下不同区域城镇扩张适宜性最大化满足问题，构建优化配置模型，对经济发展导向、生态保护导向、生态-经济协调3种情景下的城镇建设用地区域分配进行模拟预测。城镇建设用地空间布局模拟则是在经典约束性CA模型基础上，充分考虑城市内部的差异性空间发展战略对城镇扩张的影响，从历史扩张条件概率、区域指标约束等方面对元胞转换概率的计算方法进行改进，进而对规模约束模式、底线控制模式和政府引导模式下城市扩张的3种情景进行模拟。在城市扩张规模与布局模拟研究基础上，结合城市耕地 - 生态综合安全格局与城镇建设用地现状的叠加分析，为城镇建设用地提供相应的分区管控对策。武汉市城镇建设用地区域优化配置和空间布局模拟的实证研究，一方面较好地验证了城镇建设用地数量优化配置模型与空间布局 CA 模拟的有效性，另一方面为武汉市城镇建设用地指标分配、空间布局以及扩展管控提供了决策参考。

第7章 结论与展望

7.1 研究结论

本书以城镇体系规划战略下的城市扩张为研究对象，针对现有研究中存在的不足，以土地利用规划、景观生态学、城镇空间结构以及复杂空间决策等多个学科领域的相关原理为理论支撑，综合运用土地利用变化与空间格局分析、土地资源优化配置与城镇扩张 CA 模型、景观指数分析与景观安全格局分析等技术与方法，对城市扩张测度与动态模拟进行了系统研究，主要包括城市扩张测度指标与方法体系研究、城市扩张空间驱动力模型修正、城市扩张空间约束分析指标与方法体系研究、城镇建设用地区域优化配置与动态模拟方法改进等内容。根据本书构建的研究框架和技术路线，以武汉市为实证研究区，对其城市扩张测度与动态模拟进行深入分析。本书主要内容与结论具体如下：

（1）城市扩张测度指标与方法体系下的时空演变特征分析。依照城市扩张测度指标体系，综合运用地类转移矩阵、景观扩张指数、空间自相关和象限区位划分等空间分析方法，提取城镇建设用地规模、结构、扩张强度、扩张速率、扩张占地率、相对变化率、土地城镇化率等数量特征指标，以及城镇用地扩张模式、景观形态、集聚度指数等空间特征指标，对武汉市不同尺度的城市扩张演变特征进行了全面、深入的分析。由武汉市全域城镇建设用地规模结构变化、用地类型转换、扩张模式演化、景观形态演变以及空间分布格局以及空间结构分析可知：

① 1996—2013年间武汉市城镇建设用地规模大幅提高，扩张强度不断增大，特别是2006—2013年扩张强度超过研究期各阶段的平均强度；城镇扩张过程中出现的土地利用结构变化较为突出，其中以工矿用地比例的大幅下降、城乡建设用

· 151 ·

地结构比大幅上升为主要特征。

② 武汉市城镇扩张以对耕地的占用最为剧烈，17年间对耕地的占用呈明显加速趋势，城镇扩张中的耕地保护需受到重视。

③ 1996—2002年间武汉市城镇扩张以蔓延式为主，2002—2013年间则以跳跃式扩张为主，辅之以蔓延式和填充式；各项景观指数显示武汉市城镇建设用地斑块集聚水平和形状规则程度不断提高，而城市景观破碎度指数不断增大，且以2006—2009年的破碎化程度最高，综合各阶段扩张模式与景观格局特征可以推断，武汉市跳跃式城镇扩张的增多，对其他土地利用类型斑块的离散分布产生了较大影响，导致土地景观破碎化加剧，长此以往必然造成对生态多样性以及生态系统健康的威胁。

④ 1996—2013年间武汉市城市扩张重心虽有所偏移，但就分布而言主要集中在中心城区以及东西湖、蔡甸、江夏、汉南等区，新洲和黄陂区的大部分地区城市扩张滞后；武汉市整体的城镇空间扩张契合以市中心为原点、向外呈同心圆扩张的特征，扩张强度、速率、土地城镇化水平分别呈现距中心越远特征值越低的距离衰减规律，但各指标距离衰减阈值具有一定的差异。

⑤ 17年间各乡镇单元的城镇建设用地规模差距较大，由于中、低规模单元较多，武汉市不同乡镇单元的城镇建设用地规模呈现较强的不均衡性。在时序层面，武汉市城镇建设用地的空间结构关系具有明显的两个阶段特征，主要表现为相比1996—2006年，2006—2013年间武汉市城镇建设用地规模的空间差距虽然拉大，但空间均衡度和空间关联度均有所增加，随着新的用地规模差距的形成，不同空间单元的用地规模也出现了新的均匀分布和集聚状态，体现了较强的空间自组织性特征。

⑥ 结合武汉市城镇体系规划，本书对基于城镇等级体系划分的武汉市城镇建设用地时空演变特征进行分析，结果显示不同等级镇域的城市扩张既有较强的区域差异性，亦表现出一定的空间相关性，其中较为突出的特征是重点镇域城市扩张速率不断加快，是城镇扩张热点集聚的主要区域。

总体而言，通过对武汉市全域和局域的扩张特征进行定量测度和分析，能从不同维度和尺度全面把握武汉市城市扩张规律，不仅能为武汉市城镇建设用地规划布局提供基本信息和参考依据，也能为后续研究奠定数据基础。

（2）城市扩张的空间驱动力分析模型应用与驱动机制分析。在对城市扩张影响因素的理论分析基础上，选取空间驱动力分析的自然与经济区位因子输入 Logistic 回归模型，同时针对传统 Logistic 回归模型的不足，分别纳入城镇辐射场强变量和空间自相关变量，递进修正式地构建了 FSM-Logistic 回归模型和 Auto-FSM-Logistic 回归模型，运用系列回归模型对武汉市城市扩张的主要驱动变量进行考察，一方面验证不同回归模型在驱动力分析中的可行性和有效性，另一方面针对分析结果对武汉市城市扩张的驱动机理进行剖析。其主要内容与结果如下：

① 运用不同 Logistic 回归模型对武汉市2006—2013年城市扩张的空间驱动力进行定量分析，通过对不同回归模型的 ROC 曲线检验以及回归模拟的 Kappa 系数对比发现，修正的 Logistic 回归模型在模型预测效果和模拟精度上明显高于传统的 Logistic 回归模型；对比引入不同邻域空间自相关变量的 Auto-FSM-Logistic 回归模型模拟精度可知，对于武汉市以150 m×150 m 栅格为单元的城镇扩张概率分布模拟，选取5×5邻域时的模拟精度最高。

② FSM-Logistic 回归结果表明，主干道、重点镇的空间分布对武汉市城市扩张具有突出的驱动作用，城市空间功能分区和城镇辐射场强对城镇扩张亦具有显著的影响，除坡度外，自然环境因子对城镇扩张的影响较弱。结合武汉市现阶段自然、社会、经济发展特征，进一步对武汉市城市扩张的驱动机理进行分析可知：近年来武汉市推行以公共交通为导向的土地开发模式对于推动城镇建设用地沿主干道沿线分布有一定影响；重点镇是武汉市城市空间拓展的重点区域，随着镇域内各乡镇社会经济的高速发展，重点镇对城镇用地扩张发挥出越来越大的吸引力；武汉市城镇体系规划与土地利用规划、城市发展规划以及相关部门规划共同形成的城市空间发展战略部署及其实施，在促进都市拓展区和重点镇域的经济快速发展、城镇辐射能力增强的同时，对城市扩张具有重要的推动作用。

总体而言，对城市扩张的空间驱动力分析模型的修正和改进研究，进一步丰富了城镇扩张驱动分析的方法体系，为城市扩张模拟研究提供了技术支撑；应用修正的回归模型对武汉市城市扩张的空间驱动因素进行考察，把握武汉市城市扩张驱动机理，则能为武汉市城市规划与土地利用规划研究和实践提供参考依据。

（3）城市扩张空间约束分析指标、方法体系构建与应用研究。从城市扩张的耕地保护和生态安全约束两个方面，对城市扩张空间约束分析指标与方法体系进行理论探讨和实证分析。首先，在栅格尺度上构建城市扩张的耕地保护和生态安全约束格局：城市扩张耕地保护约束通过耕地自然生产潜力和政策保护等级来确定不同等级约束格局；生态安全约束则通过生态安全格局分析方法，在构建地质灾害、土壤侵蚀、洪水调蓄、水源涵养、生物多样性保护和游憩安全等单项生态因子安全格局基础上获取生态安全综合约束格局。其次，根据城镇体系中不同规模等级城镇抗约束能力差异性，运用分级赋权方法构建面向城镇体系的城市扩张空间约束分析模型，分别提取各乡镇城市扩张的耕地保护约束指数和生态安全约束指数，确定各乡镇单元城市扩张空间约束等级。

运用城市扩张空间约束分析方法体系对武汉市2013年城市扩张的耕地保护约束格局和生态安全约束格局进行分析，结果显示：

① 武汉市耕地保护约束面积依约束等级由高到低分别为1 987 km²、393 km²、579 km²、273 km²，最高约束等级占总耕地面积的61.48%，生态安全极度约束区面积约占市域总面积的45.22%，其他高、中、低约束区面积分别占6.68%、37.96%和8.57%。

② 不同等级镇域城市扩张的耕地保护约束和生态约束程度具有较为清晰的层次性，中心城域耕地保护约束和生态安全约束程度相对较低，重点镇域各乡镇的耕地保护约束与生态安全约束具有明显的梯度特征，中心镇域各乡镇间的耕地保护约束和生态安全约束差异较大，一般镇域各乡镇的耕地保护约束与生态安全约束程度普遍较高。

总体而言，基于耕地保护和生态安全视角对城市扩张空间约束分析指标体系、景观格局构建方法以及面向城镇体系的空间约束模型的研究和应用，不仅为武汉市城镇建设用地空间优化配置与模拟预测研究提供了基础参数，而且为武汉市城镇建设用地调控提供了必要依据。

（4）城镇建设用地数量配置与空间布局的动态模拟研究。城镇建设用地优化配置研究是基于城镇建设用地适宜性评价，结合城市扩张的空间约束格局，将城市内部不同乡镇单元的城镇建设用地区域优化配置，转化为在一定城镇用地规模约束下不同区域城镇扩张适宜性最大化满足问题，构建优化配置模型，对经济发展导向、生态保护导向、生态-经济协调3种情景下的城镇建设用地区域分配进行模拟预测。城镇建设用地空间布局模拟则是在经典CA模型的基础上，充分考虑城市内部的差异性空间发展战略对城镇扩张的影响，从历史扩张条件概率、区域用地指标约束等方面对元胞转换概率的计算方法进行改进，进而对规模约束模式、底线控制模式和政府引导模式下城市扩张的3种情景进行模拟。在城市扩张规模与布局模拟研究基础上，结合城市耕地-生态综合安全格局与城镇建设用地现状的叠加分析，可为研究区城市扩张提供相应的分区管控对策。运用动态模拟和管控分区方法，对武汉市城镇建设用地区域优化配置、空间布局模拟及管控分区进行研究。主要内容和结果如下：

① 经济发展导向情景中扩张适宜性较高的乡镇，由于扩张约束的限制，在生态保护导向情景中的扩张适宜性明显下降；生态-经济协调情景下的城市扩张高适宜、较高适宜和中适宜区主要集中在中心镇域，并向蔡甸区、东西湖区、江夏区、新洲区和洪山郊区各重点镇延伸，适宜性等级由市中心向外呈明显的扩散效应；不同适宜性等级乡镇集聚性较高，体现了一定的空间关联性特征。

② 依据武汉市2013年经济发展水平并结合历年来武汉市城市扩张强度，预测武汉市2020年城镇建设用地需求总量为1 021.26 km²，同时基于武汉市城市扩张的耕地-生态综合安全格局中的极低安全区确定禁止扩张区，进而运用区域优化配置模型对不同空间单元城镇建设用地指标进行分配，通过不同情景模拟结果对比，最终选取生态-经济协调发展情景下的分配结果为武汉市2020年城市扩张的区域指标分配方案。最优方案中武汉市2020年城市扩张主要分布在中心城域和重点镇域，扩张面积分别为67.58 km²和36.05 km²，扩张规模和扩张强度最高的乡镇主要分布在东西湖区和汉阳区，江汉区和武昌区扩张规模相对较小。

③ 在历史扩张条件概率、邻域作用函数以及区域用地数量控制等参数识别的基础上，运用基于空间差异性的CA模型对武汉市2006—2013年的城市扩张进行

模拟，以检验模型模拟精度。通过模拟图层与实际图层的对比可知，该模型的模拟精度较 Logistic 回归模型的模拟精度有较大提高，不同情景下的城镇用地扩张模拟的 Kappa 系数分别为0.610、0.653和0.659，显示模拟具有较高的有效性，其中底线控制和政府引导两种情景模拟的精度分别提高了2.45% 和3.34%，反映了 CA 模型对参数取值的敏感性。

④ 对武汉市2013—2020年间的城市扩张进行不同情景模拟，结果显示，相对于预测总量而言模拟误差较小，不同情景模拟结果差异较大；通过对不同扩张模式情景下模拟出来的城镇建设用地景观指数、占用其他地类比例以及生态用地景观指数进行对比分析可知，规模约束型扩张虽然能更好地实现城镇建设用地的集聚效应，但相对其他两种模式而言，城镇扩张带来的生态安全威胁较大；基于空间约束格局制定的底线控制型和政府引导型扩张，对生态用地的占用较少，但政府引导下的城镇扩张集聚程度明显高于底线控制型，对城镇扩张目标的实现程度也明显高于其他两种扩张模式。在城市土地利用规划与管理中应以底线控制模式为主导，同时结合政府引导模式，对不同空间单元城镇用地扩张给予合理调控。

⑤ 武汉市城镇建设用地优先建设区和有条件建设区总占地面积约为武汉市总面积的29.62%，其中4.61% 为挖潜面积，限制建设区和禁止建设区占地比例为70.38%，其中整治面积占5.78%。挖潜边界主要分布区域依次为重点镇域和中心城域，需要通过城镇建设用地集约节约利用，充分挖潜，盘活存量，减少城镇建设用地增量扩张对生态安全的威胁。整治边界主要分布区域依次为中心城域和重点镇域，需以耕地 - 生态安全保护为出发点，立足城市生态安全格局的构建与维护，严格控制和管理危害生态安全的城镇建设用地再开发利用；各镇域条件扩张边界内的可扩张用地规模明显高于优先扩张边界和限制扩张边界，各镇域不同类型城镇扩张边界可扩总规模按重点镇域、一般镇域和中心镇域的顺序依次减少。

总体而言，城市扩张动态模拟方法体系的应用研究，一方面较好地验证了城镇体系规划视角下的城镇建设用地优化配置模型与空间扩张 CA 模拟方法的有效性，另一方面为武汉市不同政策导向与扩张模式下的城镇建设用地指标分配、空间布局、分区实施扩张管控提供了决策参考。

7.2 研究展望

随着我国城镇化的快速推进，由于粗放型发展模式的影响以及城市规划管理滞后等原因，城市过度扩张或超载扩张的现象依然普遍，城市扩张过程中的资源短缺、环境污染、生态健康受损等现象依旧存在甚至会出现新的问题，城市扩张研究在较长一段时间内仍会是国内外学者关注的焦点。城市扩张涉及复杂的自然 - 经济 - 社会巨系统，单一的学科知识与方法无法完成对这一巨系统的分析。城市扩张研究往往需要综合运用不同学科的理论、技术和方法才能获取更加科学、有效的研究结论。本书虽然综合运用了地理学、经济学、生态学、土地科学、复杂性科学等学科的知识与技术，对城市扩张格局、机制、预测、模拟进行了系统研究，取得了较理想的研究结果，但受限于知识储备和技术运用的制约，本研究还存在一定的局限性。结合现有研究内容和方法上的不足，确定未来的城镇建设用地研究方向和重点为：

（1）受限于数据的可获取性，本研究所用数据在时间序列上缺乏连续性，虽然能揭示阶段性的城镇扩张特征和规律，但对于城镇扩张特征的分析缺乏连贯性。在今后的研究中，有必要提升数据处理技术，如通过不同时期遥感影像数据解译获取高质量的基础数据，弥补现有数据的不足。

（2）城市扩张受多种自然与社会经济要素的驱动和影响。本研究在选取扩张驱动力分析因子时，主要考虑各项因子对全域城市扩张的影响，某些因子如城市轨道交通分布虽然也会对城镇扩张产生影响，但这种影响具有较强的局部性和一定的滞后性，且多对城市用地内部结构调整发挥作用，因此暂不考虑。随着城市轨道交通的发展，在今后的研究中也应考虑将其纳入。

（3）以城镇建设用地不可逆为假设条件，本研究运用改进的 CA 模型模拟城市扩张空间布局，模拟检验精度呈现较高水平，但没有考虑城镇建设用地退化的模拟结果存在一定的误差，势必影响模拟效果。在今后的研究中，有必要综合考虑城镇建设用地增加和减少两种状态下的城市扩张空间布局，务求达到更高效的仿真模拟目标。

参考文献

◎ 蔡栋，2012. 土地利用规划城乡建设用地调整辅助决策模型研究 [D]. 南京：南京大学.

◎ 蔡芳芳，濮励杰，2014. 南通市城乡建设用地演变时空特征与形成机理 [J]. 资源科学，36（4）：731-740.

◎ 蔡运龙，2001. 土地利用/土地覆被变化研究：寻求新的综合途径 [J]. 地理研究，19（6）：645-652.

◎ 曹宇，欧阳华，肖笃宁，等，2004. 基于 APACK 的额济纳天然绿洲景观空间格局分析 [J]. 自然资源学报，19（6）：776-785.

◎ 曾晨，刘艳芳，周鹏，等，2015. 城市蔓延综合指数的评价与分析：以武汉市为例 [J]. 地域研究与开发，34（2）：62-68.

◎ 陈凤，张安明，邹小红，2010. 基于主成分分析法的建设用地需求优先度研究：以重庆市渝东南和渝东北两翼为例 [J]. 西南大学学报（自然科学版），32（8）：158-162.

◎ 陈国宏，蔡彬清，李美娟，2007. 元胞自动机：一种探索管理系统复杂性的有效工具 [J]. 中国工程科学，9（1）：28-32.

◎ 陈皓峰，刘志红，1990. 区域城镇体系发展阶段及其应用初探 [J]. 经济地理（1）：66-70.

◎ 陈江龙，高金龙，徐梦月，等，2014. 南京大都市区建设用地扩张特征与机理 [J]. 地理研究，33（3）：427-438.

◎ 陈江龙，曲福田，陈雯，2004. 农地非农化效率的空间差异及其对土地利用政策调整的启示 [J]. 管理世界（8）：37-42.

◎ 陈凯，刘凯，柳林，等，2015. 基于随机森林的元胞自动机城市扩展模拟：以佛山市为例 [J]. 地理科学进展，34（8）：937-946.

◎ 陈利顶，傅伯杰，徐建英，等，2003. 基于"源 - 汇"生态过程的景观格局识别方法：景观空间负荷对比指数 [J]. 生态学报，23（11）：2406-2413.

◎ 陈利顶，傅伯杰，赵文武，2006. "源""汇"景观理论及其生态学意义 [J]. 生态学报，26（5）：1444-1449.

◎ 陈梅英，郑荣宝，王朝晖，2009. 土地资源优化配置研究进展与展望 [J]. 热带地理，29（5）：466-471.

◎ 陈文波，郑蕉，鄢帮有，2007. 鄱阳湖区土地利用景观格局特征研究 [J]. 农业工程学报，23（4）：79-83.

◎ 陈雯，孙伟，段学军，等，2007. 以生态 - 经济为导向的江苏省土地开发适宜性分区 [J]. 地理科学，27（3）：312-317.

◎ 陈星，周成虎，2005. 生态安全：国内外研究综述 [J]. 地理科学进展，24(6)：8-20.

◎ 程开明，庄燕杰，2012. 城市体系位序 - 规模特征的空间计量分析：以中部地区地级以上城市为例 [J]. 地理科学，32（8）：905-912.

◎ 程永辉，刘科伟，赵丹，等，2015. "多规合一"下城市开发边界划定的若干问题探讨 [J]. 城市发展研究，22（7）：52-57.

◎ 丁建中，陈逸，陈雯，2008. 基于生态 - 经济分析的泰州空间开发适宜性分区研究 [J]. 地理科学，28（6）：842-848.

◎ 丁建中，金志丰，陈逸，2009. 基于空间开发潜力评价的泰州市建设用地空间配置研究 [J]. 中国土地科学，23（5）：30-36.

◎ 段学军，秦贤宏，陈江龙，2009. 基于生态 - 经济导向的泰州市建设用地优化配置 [J]. 自然资源学报（7）：1181-1191.

◎ 冯健，周一星，2003. 中国城市内部空间结构研究进展与展望 [J]. 地理科学进展，22（3）：204-215.

◎ 冯科，吴次芳，韦仕川，等，2008. 城市增长边界的理论探讨与应用 [J]. 经济地理，28（3）：425-429.

◎ 冯梦喆，何建华，汤青慧，2013. 土地利用变化反事实情景模拟与评价：以湖北省嘉鱼县为例 [J]. 武汉大学学报（信息科学版），38（9）：1122-1125.

◎ 冯雨峰, 陈玮, 2003. 关于"非城市建设用地"强制性管理的思考 [J]. 城市规划, 27 (8): 68-71.

◎ 付海英, 郝晋珉, 朱德举, 等, 2007. 耕地适宜性评价及其在新增其他用地配置中的应用 [J]. 农业工程学报, 23 (1): 60-65.

◎ 傅伯杰, 等, 2011. 景观生态学原理及应用 [M].2版. 北京: 科学出版社.

◎ 甘喜庆, 2008. 基于约束 Logistic-CA 模型的城市扩张空间形态研究 [D]. 长沙: 中南大学.

◎ 高金龙, 陈江龙, 苏曦, 2013. 中国城市扩张态势与驱动机理研究学派综述 [J]. 地理科学进展, 32 (5): 743-754.

◎ 古维迎, 冯长春, 沈昊婧, 等, 2011. 滇池流域城乡建设用地扩张驱动力分析 [J]. 城市发展研究, 18 (7): 26-31.

◎ 顾朝林, 1987. 地域城镇体系组织结构模式研究 [J]. 城市规划汇刊, 10 (2): 37-46.

◎ 郭杰, 欧维新, 刘琼, 等, 2009. 基于 BP 神经网络的南通市建设用地需求预测 [J]. 资源科学, 31 (8): 1355-1361.

◎ 韩艳红, 陆玉麒, 2014. 基于时间可达性的城市吸引范围演变研究: 以南京都市圈为例 [J]. 人文地理 (6): 95-103.

◎ 郝思雨, 谢汀, 伍文, 等, 2014. 基于 RBF 神经网络的成都市城镇建设用地需求预测 [J]. 资源科学, 36 (6): 1220-1228.

◎ 何丹, 金凤君, 周璟, 2011. 资源型城市建设用地适宜性评价研究: 以济宁市大运河生态经济区为例 [J]. 地理研究, 30 (4): 655-666.

◎ 贺瑜, 刘艳芳, 涂美义, 2008. 建设用地区域配置的帕累托改进 [J]. 国土资源科技管理, 25 (5): 109-112.

◎ 黄大全, 金浩然, 赵星烁, 2014. 四类城市建设用地扩张影响因素研究: 以北京市昌平区为例 [J]. 资源科学, 36 (3): 454-462.

◎ 黄金碧, 冯长春, 2013. 基于 DEA 模型优化的城镇建设用地需求预测: 以皖江城市带为例 [J]. 城市发展研究, 20 (11): 75-80.

◎ 黄金川, 孙贵艳, 闫梅, 等, 2012. 中国城市场强格局演化及空间自相关特征 [J]. 地理研究, 31 (8): 1355-1364.

◎ 黄平利，王红扬，2007.我国城乡空间生态规划新思路 [J]. 浙江大学学报（理学版），34（2）：228-232.

◎ 姜海，曲福田，2005.建设用地需求预测的理论与方法：以江苏省为例 [J]. 中国土地科学，19（2）：44-51.

◎ 江福秀，2008.基于土地利用安全的城乡用地优化配置研究 [D]. 北京：中国地质大学（北京）.

◎ 蒋芳，刘盛和，袁弘，2007.城市增长管理的政策工具及其效果评价 [J]. 城市规划学刊（1）：33-38.

◎ 孔雪松，2011.基于元胞自动机与粒子群的农村居民点布局优化 [D]. 武汉：武汉大学.

◎ 雷军，张雪艳，吴世新，等，2005.新疆城乡建设用地动态变化的时空特征分析 [J]. 地理科学，25（2）：161-166.

◎ 雷凯雅，贺丹，田国行，等，2012.城乡建设用地景观格局多尺度差异 [J]. 生态环境学报，21（4）：687-693.

◎ 黎藜，2011.基于"反规划"理念的城乡建设用地空间发展研究 [D]. 重庆：西南大学.

◎ 黎夏，刘小平，2007.基于案例推理的元胞自动机及大区域城市演变模拟 [J]. 地理学报，62（10）：1097-1109.

◎ 黎晓亚，马克明，傅伯杰，等，2004.区域生态安全格局：设计原则与方法 [J]. 生态学报，24（5）：1055-1062.

◎ 李红波，张慧，赵俊三，等，2014.基于元胞生态位适宜度模型的低丘缓坡土地开发建设适宜性评价 [J]. 中国土地科学，28（6）：23-29.

◎ 李晖，易娜，姚文璟，等，2011.基于景观安全格局的香格里拉县生态用地规划 [J]. 生态学报，31（20）：5928-5936.

◎ 李俊，董锁成，李宇，等，2015.宁蒙沿黄地带城镇用地扩展驱动力分析与情景模拟 [J]. 自然资源学报（9）：1472-1485.

◎ 李坤，岳建伟，2015.我国建设用地适宜性评价研究综述 [J]. 北京师范大学学报（自然科学版），51（S1）：107-113.

◎ 李娜，张丽，闫冬梅，等，2013.基于 CLUE-S 模型的天津滨海新区土地利用

变化情景模拟 [J]. 遥感信息，28（4）：62-68.

◎ 李平星，樊杰，2014. 城市扩张情景模拟及对城市形态与体系的影响：以广西西江经济带为例 [J]. 地理研究，33（3）：509-519.

◎ 李平星，孙伟，2013. 改革开放以来苏南地区城市扩展格局与驱动机理研究 [J]. 长江流域资源与环境，22（12）：1529-1536.

◎ 李小建，许家伟，海贝贝，2015. 县域聚落分布格局演变分析：基于1929—2013年河南巩义的实证研究 [J]. 地理学报，70（12）：1870-1883.

◎ 李晓刚，欧名豪，许恒周，2006. 农村居民点用地动态变化及驱动力分析：以青岛市为例 [J]. 国土资源科技管理，23（3）：27-32.

◎ 李晓文，胡远满，肖笃宁，1999. 景观生态学与生物多样性保护 [J]. 生态学报，19（3）：111-119.

◎ 李效顺，姜海，曲福田，等，2009. 南京市建设用地理性目标计量研究 [J]. 中国土地科学，23（10）：31-35.

◎ 李昕，文婧，林坚，2012. 土地城镇化及相关问题研究综述 [J]. 地理科学进展，31（8）：1042-1049.

◎ 李猷，王仰麟，彭建，等，2010. 基于景观生态的城市土地开发适宜性评价：以丹东市为例 [J]. 生态学报，30（8）：2141-2150.

◎ 李占斌，朱冰冰，李鹏，2008. 土壤侵蚀与水土保持研究进展 [J]. 土壤学报，45（5）：802-809.

◎ 李震，顾朝林，姚士谋，2006. 当代中国城镇体系地域空间结构类型定量研究 [J]. 地理科学，26（5）：5544-5550.

◎ 梁勤欧，2003. 城市土地利用系统复杂性研究 [J]. 国土资源科技管理，20（2）：40-43.

◎ 林孟龙，曹宇，王鑫，2008. 基于景观指数的景观格局分析方法的局限性：以台湾宜兰利泽简湿地为例 [J]. 应用生态学报，19（1）：139-143.

◎ 刘传明，曾菊新，2006. 新一轮区域规划若干问题探讨 [J]. 地理与地理信息科学，22（4）：56-60.

◎ 刘翠玲，龙瀛，2015. 京津冀地区城镇空间扩张模拟与分析 [J]. 地理科学进展，34（2）：217-228.

◎ 刘登娥，陈爽，2012.近30年来苏锡常城市增长形态过程与聚散规律 [J].地理科学，32（1）：47-54.

◎ 刘海龙，李迪华，韩西丽，2005.生态基础设施概念及其研究进展综述 [J].城市规划，29（9）：70-75.

◎ 刘和涛，田玲玲，田野，等，2015.武汉市城市蔓延的空间特征与管治 [J].经济地理，35（4）：47-53.

◎ 刘佳福，龚威平，刘晓丽，等，2011.基于遥感和GIS的长春市城乡建设用地发展演变 [J].城市发展研究，18（5）：59-64.

◎ 刘琼，欧名豪，盛业旭，等，2013.建设用地总量的区域差别化配置研究：以江苏省为例 [J].中国人口·资源与环境，23（12）：119-124.

◎ 刘瑞，朱道林，2010.基于转移矩阵的土地利用变化信息挖掘方法探讨 [J].资源科学，32（8）：1544-1550.

◎ 刘盛和，吴传钧，沈洪泉，2000.基于GIS的北京城市土地利用扩展模式 [J].地理学报，55（4）：407-416.

◎ 刘胜华，詹长根，2005.基于国民经济和人口发展目标的建设用地需求规模预测研究：以武汉市黄陂区为例 [J].中国人口·资源与环境，15（5）：51-55.

◎ 刘贤腾，顾朝林，2008.解析城市用地空间结构：基于南京市的实证 [J].城市规划学刊（5）：78-84.

◎ 刘小平，黎夏，陈逸敏，等，2009.景观扩张指数及其在城市扩展分析中的应用 [J].地理学报，64（12）：1430-1438.

◎ 刘耀林，李纪伟，侯贺平，等，2014.湖北省城乡建设用地城镇化率及其影响因素 [J].地理研究，33（1）：132-142.

◎ 刘玉亭，何深静，魏立华，2008.论城镇体系规划理论框架的新走向 [J].城市规划，32（3）：41-44.

◎ 刘志文，2011.武汉市典型年洪涝与旱灾成因简析 [J].水资源研究，32（1）：4-5.

◎ 龙瀛，韩昊英，毛其智，2009.利用约束性CA制定城市增长边界 [J].地理学报，64（8）：999-1008.

◎ 陆逸君，2013.交通因素对城市土地利用的影响研究 [D].重庆：重庆大学.

◎ 罗媞，刘耀林，孔雪松，2014.武汉市城乡建设用地时空演变及驱动机制研究：

基于城乡统筹视角 [J]. 长江流域资源与环境, 23（4）: 461-467.

◎ 吕春艳, 王静, 何挺, 等, 2006. 土地资源优化配置模型研究现状及发展趋势 [J]. 水土保持通报, 26（2）: 21-26.

◎ 马林兵, 曹小曙, 牟少杰, 2011. 一种融合地理空间指标的土地需求量预测方法: 以佛山市南海区为例 [J]. 地理研究, 30（5）: 854-860.

◎ 马世发, 艾彬, 念沛豪, 2014. 基于约束性 CA 的土地利用规划预评估及警情探测 [J]. 地理与地理信息科学, 30（4）: 51-55.

◎ 马世发, 艾彬, 欧金沛, 2013. 约束性 CA 在城乡建设用地指标空间化中的应用 [J]. 地理科学, 33（10）: 1245-1251.

◎ 马世发, 高峰, 念沛豪, 2015. 城市扩张经典 CA 模型模拟精度的时空衰减效应: 以广州市2000—2010年城市扩张为例 [J]. 现代城市研究（7）: 88-93.

◎ 马晓冬, 朱传耿, 马荣华, 等, 2008. 苏州地区城镇扩展的空间格局及其演化分析 [J]. 地理学报, 63（4）: 405-416.

◎ 毛蒋兴, 李志刚, 闫小培, 等, 2008. 深圳土地利用时空变化与地形因子的关系研究 [J]. 地理与地理信息科学, 24（2）: 71-76.

◎ 孟丹, 李晓娟, 徐辉, 等, 2013. 京津冀都市圈城乡建设用地空间扩张特征分析 [J]. 地球信息科学学报, 15（2）: 289-296.

◎ 莫宏伟, 任志远, 谢红霞, 2004. 东南丘陵土地利用变化及驱动力研究: 以衡阳市为例 [J]. 长江流域资源与环境, 13（6）: 551-556.

◎ 穆少杰, 李建龙, 陈奕兆, 等, 2012. 2001—2010年内蒙古植被覆盖度时空变化特征 [J]. 地理学报, 67（9）: 1255-1268.

◎ 聂艳, 罗毅, 于婧, 等, 2013. 基于空间自相关的湖北省耕地压力时空演变特征 [J]. 地域研究与开发, 32（1）: 112-116.

◎ 欧维新, 杨桂山, 2009. 基于生态位的湿地生态 - 经济功能评价与区划方法探讨 [J]. 湿地科学, 7（2）: 125-129.

◎ 潘竟虎, 刘莹, 2014. 基于可达性与场强模型的中国地级以上城市空间场能测度 [J]. 人文地理（1）: 80-88.

◎ 裴凤松, 黎夏, 刘小平, 等, 2015. 城市扩张驱动下植被净第一性生产力动态模拟研究: 以广东省为例 [J]. 地球信息科学学报, 17（4）: 469-477.

◎ 蒲英霞，马荣华，马晓冬，等，2009. 长江三角洲地区城市规模分布的时空演变特征 [J]. 地理研究，28（1）：161-172.

◎ 钱敏，2013. 基于知识表示与推理的城乡用地空间格局演变与优化 [D]. 南京：南京大学.

◎ 乔纪纲，何晋强，2009. 基于分区域的元胞自动机及城市扩张模拟 [J]. 地理与地理信息科学，25（3）：67-70.

◎ 邱炳文，王钦敏，陈崇成，等，2007. 福建省土地利用多尺度空间自相关分析 [J]. 自然资源学报，22（2）：311-321.

◎ 邱道持，刘力，粟辉，等，2004. 城镇建设用地预测方法新探：以重庆市渝北区为例 [J]. 西南师范大学学报（自然科学版），29（1）：146-150.

◎ 曲衍波，张凤荣，杜素芹，等，2010. 平谷区城镇建设用地生态经济适宜性评价方法 [J]. 中国土地科学，24（12）：21-27.

◎ 全泉，田光进，沙默泉，2011. 基于多智能体与元胞自动机的上海城市扩展动态模拟 [J]. 生态学报，31（10）：2875-2887.

◎ 邵建英，王珂，赵小敏，等，2005. 城镇建设用地预测方法研究 [J]. 广东土地科学，28（3）：17-21.

◎ 史同广，郑国强，王智勇，等，2007. 中国土地适宜性评价研究进展 [J]. 地理科学进展，26（2）：106-115.

◎ 舒帮荣，李永乐，曲艺，等，2013. 不同经济发展阶段城镇用地扩张特征及其动力：以太仓市为例 [J]. 经济地理，33（7）：155-162.

◎ 宋冬梅，肖笃宁，张志城，等，2003. 甘肃民勤绿洲的景观格局变化及驱动力分析 [J]. 应用生态学报，14（4）：535-539.

◎ 宋家泰，顾朝林，1988. 城镇体系规划的理论与方法初探 [J]. 地理学报，43（2）：97-107.

◎ 宋治清，王仰麟，2004. 城市景观及其格局的生态效应研究进展 [J]. 地理科学进展，23（2）：97-106.

◎ 苏海民，何爱霞，2010. 基于 RS 和地统计学的福州市土地利用分析 [J]. 自然资源学报，25（1）：91-99.

◎ 苏泳娴，张虹鸥，陈修治，等，2013. 佛山市高明区生态安全格局和建设用地扩

展预案 [J]. 生态学报, 33 (5): 1524-1534.

◎ 谈明洪, 吕昌河, 2003. 以建成区面积表征的中国城市规模分布 [J]. 地理学报, 58 (2): 285-293.

◎ 唐秀美, 陈百明, 路庆斌, 等, 2010. 城市边缘区土地利用景观格局变化分析 [J]. 中国人口·资源与环境, 20 (8): 159-163.

◎ 唐子来, 1997. 西方城市空间结构研究的理论和方法 [J]. 城市规划汇刊 (6): 1-11.

◎ 田广进, 刘纪远, 张增祥, 等, 2002. 基于遥感与 GIS 的中国农村居名点规模分布特征 [J]. 遥感学报 (4): 31-34.

◎ 王宝刚, 2005. 县 (市) 域城镇体系网络布局优化研究 [J]. 小城镇建设 (7): 62-63.

◎ 王晨, 成立, 2014. 我国城市开发边界设定与管理的思考 [J]. 中国房地产 (13): 33-37.

◎ 王成金, 张岸, 2012. 基于交通优势度的建设用地适宜性评价与实证: 以玉树地震灾区为例 [J]. 资源科学, 34 (9): 1688-1697.

◎ 王祺, 蒙吉军, 毛熙彦, 2014. 基于邻域相关的漓江流域土地利用多情景模拟与景观格局变化 [J]. 地理研究, 33 (6): 1073-1084.

◎ 王思易, 欧名豪, 2013. 基于景观安全格局的建设用地管制分区 [J]. 生态学报, 33 (14): 4425-4435.

◎ 王万茂, 2009. 土地利用规划学 [M]. 北京: 科学出版社.

◎ 王晓峰, 傅伯杰, 苏常红, 等, 2015. 西安市城乡建设用地时空扩展及驱动因素 [J]. 生态学报, 35 (21): 7139-7149.

◎ 王秀兰, 包玉海, 1999. 土地利用动态变化研究方法探讨 [J]. 地理科学进展, 18 (1): 83-89.

◎ 王颖, 张婧, 李诚固, 等, 2011. 东北地区城市规模分布演变及其空间特征 [J]. 经济地理, 31 (1): 55-59.

◎ 邬建国, 2000. 景观生态学: 格局、过程、尺度与等级 [M]. 北京: 高等教育出版社.

◎ 吴桂平, 曾永年, 邹滨, 等, 2008. Auto-Logistic 方法在土地利用格局模拟中的应用: 以张家界市永定区为例 [J]. 地理学报, 63 (2): 156-164.

◎ 吴巍，周生路，魏也华，等，2013. 城乡结合部土地资源城镇化的空间驱动模式分析 [J]. 农业工程学报，29（16）：220-228.

◎ 吴茵，李满春，毛亮，2006. GIS 支持的县域城镇体系空间结构定量分析：以浙江省临安市为例 [J]. 地理与地理信息科学，22（2）：73-77.

◎ 吴之凌，汪云，夏巍，2013. 新型城镇化视角下的武汉近郊区规划管控研究 [J]. 规划师，29（9）：94-98.

◎ 伍豪，李江风，张徽，2010. 不完全信息动态博弈模型在建设用地指标分配中的运用：以广西桂林市资源县为例 [J]. 国土资源科技管理，27（1）：113-117.

◎ 夏添，常鸣，2013. 改进逻辑回归方法在滑坡敏感性评价中的应用研究 [J]. 物探化探计算技术，35（2）：185-188.

◎ 肖昌东，方勇，喻建华，等，2012. 武汉市乡镇总体规划"两规合一"的核心问题研究及实践 [J]. 规划师，28（11）：85-90.

◎ 肖笃宁，陈文波，郭福良，2002. 论生态安全的基本概念和研究内容 [J]. 应用生态学报，13（3）：354-358.

◎ 肖长江，欧名豪，李鑫，2015. 基于生态 - 经济比较优势视角的建设用地空间优化配置研究：以扬州市为例 [J]. 生态学报，35（3）：696-708.

◎ 谢花林，2011. 基于 Logistic 回归模型的区域生态用地演变影响因素分析：以京津冀地区为例 [J]. 资源科学，33（11）：2063-2070.

◎ 谢花林，李波，2008. 基于 Logistic 回归模型的农牧交错区土地利用变化驱动力分析：以内蒙古翁牛特旗为例 [J]. 地理研究，27（2）：294-304.

◎ 谢正峰，王倩，2009. 广州市土地利用程度的空间自相关分析 [J]. 热带地理，29（2）：129-133.

◎ 徐斌，1999. 星座结构：逆城市化下的市域城镇体系 [J]. 上海城市规划（5）：10-12.

◎ 徐岚，赵羿，1993. 利用马尔柯夫过程预测东陵区土地利用格局的变化 [J]. 应用生态学报，45（3）：272-277.

◎ 徐勇，SIDLE R C，2001. 黄土丘陵区燕沟流域土地利用变化与优化调控 [J]. 地理学报，56（6）：657-666.

◎ 许学强，周一星，宁越敏，1997. 城市地理学 [M]. 北京：高等教育出版社.

◎ 闫卫阳，王发曾，秦耀辰，2009. 城市空间相互作用理论模型的演进与机理 [J]. 地理科学进展，28（4）：511-518.

◎ 杨长春，2012. 喀斯特地区土壤侵蚀研究进展 [J]. 中国水土保持（3）：15-17.

◎ 杨山，2009. 浅谈高等级公路边坡的绿化防护 [J]. 科技故事博览·科教创新，3（5）：119.

◎ 杨青生，2008. 地理元胞自动机及空间动态转换规则的获取 [J]. 中山大学学报（自然科学版），47（4）：122-127.

◎ 杨青生，黎夏，2006. 基于动态约束的元胞自动机与复杂城市系统的模拟 [J]. 地理与地理信息科学，22（5）：10-15.

◎ 杨树旺，熊丽敏，2004. 武汉市生态环境与可持续发展的问题与措施 [J]. 中国人口·资源与环境，14（4）：91-94.

◎ 杨叶涛，龚建雅，周启鸣，等，2010. 土地利用景观格局对城市扩张影响研究 [J]. 自然资源学报，25（2）：320-329.

◎ 杨子生，2015. 云南山区城镇建设用地适宜性评价中的特殊因子分析 [J]. 水土保持研究，22（4）：269-275.

◎ 杨子生，2016. 山区城镇建设用地适宜性评价方法及应用：以云南省德宏州为例 [J]. 自然资源学报，31（1）：64-76.

◎ 殷少美，金晓斌，周寅康，等，2007. 基于主成分分析法和 AHP-GEM 模型的区域新增建设用地指标合理配置：以江苏省为例 [J]. 自然资源学报，22（3）：372-379.

◎ 尹海伟，孔繁花，罗震东，等，2013. 基于潜力 - 约束模型的冀中南区域建设用地适宜性评价 [J]. 应用生态学报，24（8）：2274-2280.

◎ 尹珂，肖轶，2012. 土地资源优化配置研究进展 [J]. 广东农业科学，39（20）：200-205.

◎ 尹鹏，李诚固，2015. 环渤海"C 型"经济区经济格局的空间演变研究 [J]. 地理科学，35（5）：537-543.

◎ 俞孔坚，1999. 生物保护的景观生态安全格局 [J]. 生态学报，19（1）：10-17.

◎ 俞孔坚，李迪华，2002. 论反规划与城市生态基础设施建设 [C]. 成都：中国科协 2002 年学术年会.

◎ 俞孔坚，李迪华，韩西丽，2005. 论"反规划"[J]. 城市规划，29（9）：64-69.

◎ 俞孔坚，李海龙，李迪华，2008."反规划"与生态基础设施：城市化过程中对自然系统的精明保护 [J]. 自然资源学报，23（6）：937-958.

◎ 俞孔坚，李伟，李迪华，等，2005. 快速城市化地区遗产廊道适宜性分析方法探讨：以台州市为例 [J]. 地理研究，24（1）：69-76.

◎ 俞孔坚，王思思，李迪华，等，2009. 北京市生态安全格局及城市增长预景 [J]. 生态学报，29（3）：1189-1204.

◎ 袁丽丽，黄绿筠，2005. 城市土地空间结构演变及其驱动机制分析 [J]. 城市发展研究，12（1）：64-69.

◎ 岳文泽，汪锐良，范蓓蕾，2013. 城市扩张的空间模式研究：以杭州市为例 [J]. 浙江大学学报（理学版），40（5）：596-605.

◎ 翟腾腾，郭杰，欧名豪，2014. 基于相对资源承载力的江苏省建设用地管制分区研究 [J]. 中国人口·资源与环境，24（2）：69-75.

◎ 翟腾腾，郭杰，欧名豪，等，2015. 基于基尼系数的江苏省建设用地总量分配研究 [J]. 中国人口·资源与环境，25（4）：84-91.

◎ 张兵，林永新，刘宛，等，2014."城市开发边界"政策与国家的空间治理 [J]. 城市规划学刊（3）：20-27.

◎ 张晨曦，2012. 基于改进引力模型的农村居民点空间整合研究 [D]. 南京：南京大学.

◎ 张虹鸥，叶玉瑶，陈绍愿，2006. 珠江三角洲城市群城市规模分布变化及其空间特征 [J]. 经济地理，26（5）：806-809.

◎ 张杰，周寅康，李仁强，等，2009. 土地利用/覆盖变化空间直观模拟精度检验与不确定性分析：以北京都市区为例 [J]. 中国科学（D辑：地球科学），39（11）：1560-1569.

◎ 张金兰，欧阳婷萍，朱照宇，等，2010. 基于景观生态学的广州城镇建设用地扩张模式分析 [J]. 生态环境学报，19（2）：410-414.

◎ 张利，张乐，王观湧，等，2014. 基于景观安全格局的曹妃甸新区生态基础设施构建研究 [J]. 土壤（3）：555-561.

◎ 张诗逸，冯长春，刘雪萍，等，2015. 基于生态敏感性分析的建设用地适宜性评

价 [J]. 北京大学学报（自然科学版），51（4）：631-638.

◎ 张亦汉，黎夏，刘小平，等，2013. 耦合遥感观测和元胞自动机的城市扩张模拟 [J]. 遥感学报，17（4）：872-886.

◎ 张永刚，1999. 浅议非城市建设用地的城市规划管理问题：以深圳市为例 [J]. 规划师，15（2）：74-76.

◎ 张振家，2015. 武汉市行政区划调整之我见 [J]. 城市（7）：32-35.

◎ 赵婷婷，张凤荣，姜广辉，等，2008. 北京市顺义区城乡建设用地增减联动研究 [J]. 国土资源科技管理，25（6）：11-17.

◎ 赵筱青，王海波，杨树华，等，2009. 基于 GIS 支持下的土地资源空间格局生态优化 [J]. 生态学报，29（9）：4892-4901.

◎ 郑新奇，付梅臣，2010. 景观格局空间分析技术及其应用 [M]. 北京：科学出版社.

◎ 钟式玉，吴箐，李宇，等，2012. 基于最小累积阻力模型的城镇土地空间重构：以广州市新塘镇为例 [J]. 应用生态学报，23（11）：3173-3179.

◎ 钟业喜，陆玉麒，2010. 城市影响区格局分析的定量方法：以江西省为例 [J]. 长江流域资源与环境，19（5）：480-486.

◎ 周为峰，吴炳方，2006. 区域土壤侵蚀研究分析 [J]. 水土保持研究，13（1）：265-268.

◎ 周晓艳，韩丽媛，叶信岳，等，2015. 基于位序规模法则的我国城市用地规模分布变化研究（2000—2012）[J]. 华中师范大学学报（自然科学版），49（1）：132-138.

◎ 周一星，1986. 市域城镇体系规划的内容、方法及问题 [J]. 城市问题（1）：5-10.

◎ 朱会义，李秀彬，2003. 关于区域土地利用变化指数模型方法的讨论 [J]. 地理学报，58（5）：643-650.

◎ 朱会义，李秀彬，何书金，等，2001. 环渤海地区土地利用的时空变化分析 [J]. 地理学报，56（3）：253-260.

◎ 朱孟珏，周春山，2013. 从连续式到跳跃式：转型期我国城市新区空间增长模式 [J]. 规划师，29（7）：79-84.

◎ ADRIAENSEN F, CHARDON J P, DE BLUST G, et al., 2003. The application of "least-cost" modelling as a functional landscape model[J]. Landscape and urban planning, 64(4): 233-247.

◎ AL-AHMADI K, HEPPENSTALL A, HOGG J, et al., 2009. A fuzzy cellular automata urban growth model (FCAUGM) for the city of Riyadh, Saudi Arabia. Part 1: model structureand validation[J]. Applied spatial analysis and policy, 2(1): 65-83.

◎ ALBEVERIO S, ANDREY D, GIORDANO P, et al., 2008. The dynamics of complex urban systems[J]. Physica, Heidelberg.

◎ ALKHEDER S, SHAN J, 2008. Calibration and assessment of multitemporal image-based cellular automata for urban growth modeling[J]. Photogrammetric engineering & remote sensing, 74(12): 1539-1550.

◎ ALMEIDA C M, GLERIANI J M, Castejon E F, et al., 2008. Using neural networks and cellular automata for modelling intra-urban land-use dynamics[J]. International journal of geographical information science, 22(9): 943-963.

◎ AMOROSO S, PATT Y N, 1972. Decision procedures for surjectivity and injectivity of parallel maps for tessellation structures[J]. Journal of computer and system sciences, 6(5): 448-464.

◎ ARSANJANI J J, HELBICH M, KAINZ W, et al., 2013. Integration of logistic regression, Markov chain and cellular automata models to simulate urban expansion [J]. International journal of applied earth observation and geoinformation, 21: 265-275.

◎ BASSE R M, OMRANI H, CHARIF O, et al., 2014. Land use changes modelling using advanced methods: cellular automata and artificial neural networks[J]// The spatial and explicit representation of land cover dynamics at the cross-border region scale. Applied geography, 53: 160-171.

◎ BESAG J, 1974. Spatial interaction and the statistical analysis of lattice systems[J]. Journal of the royal statistical society, 36: 192-236.

◎ BOURNE L S, 1982. Internal structure of the city: reading on urban form, growth and policy[M]. New York: Oxford University Press.

◎ BURGESS E W, 1925. The growth of the city in Park R[M]. Burgess EW McKenzie R.(eds.) . Chicago: The City University of Chicago Press.

◎ CARVALHO-RIBEIRO S M, LOVETT A, O'RIORDAN T, 2010. Multifunctional forest management in Northern Portugal: moving from scenarios to governance forsustainable development[J]. Land use policy, 27(4): 1111-1122.

◎ CAMAGNI R, GIBELLI M C, RIGAMONTI P, 2002. Urban mobility and urbanform: the social and environmental costs of different patterns of urban expansion[J]. Ecological economics, 40(2) :199-216.

◎ CHAUDHURI G, CLARKE K, 2013. The SLEUTH land use change model: a review [J]. International journal of environmental resources research, 1(1): 88-105.

◎ CLARKE K, HOPPEN S, GAYDOS L,1997. A self-modifying cellular automaton model of historical[J]. Environ plan B, 24: 247-261.

◎ CURRIT N, EASTERLING W E, 2009. Globalization and population drivers of rural-urban land-use change in Chihuahua, Mexico[J]. Land use policy, 26(3): 535-544.

◎ COHEN J, 1968. Weighted Kappa: nominal scale agreement provision for scaled disagreement or partial credit[J]. Psychological bulletin, 70(4): 213.

◎ FAZAL S, 2001. Land re-organization in relation to roads in an Indian city[J]. Land use policy, 18(2): 191-199.

◎ FERREIRA J A, CONDESSA B, 2012. Defining expansion areas in small urban settlements: an application to the municipality of Tomar (Portugal)[J]. Landscape and urban planning, 107(3): 283-292.

◎ FORMAN R T T, 1995. Land mosaics: the ecology of landscapes and regions[M]. New York: Cambridge University Press.

◎ FORMAN R T T, GODRON M, 1986. Landscape ecology[M]. New York: John Wiley & Sons.

◎ FRAGKIAS M, SETO K C, 2009. Evolving rank-size distributions of intra-metropolitan urban clusters in South China[J]. Computers, environment and urban systems, 33(3): 189-199.

◎ GOODCHILD B, 1992. Land allocation for housing: a review of practice and possibilities in England[J]. Housing studies, 7(1): 45-55.

◎ HARRIS C D, ULLMAN E L, 1945. The nature of cities[J]. The annals of the American academy of political and social science, 242(4): 7-17.

◎ HAACK B N, RAFTER A, 2006. Urban growth analysis and modeling in the Kathmandu Valley, Nepal[J]. Habitat international, 30(4): 1056-1065.

◎ HAASE D, LAUTENBACH S, SEPPELT R, 2010. Modeling and simulating residential mobility in a shrinking city using an agent-based approach[J]. Environmental modelling & software, 25(10): 1225-1240.

◎ HE C, OKADA N, ZHANG Q, et al., 2006. Modeling urban expansion scenarios by coupling cellular automata model and system dynamic model in Beijing, China[J]. Applied geography, 26(3): 323-345.

◎ HOYT H, 1939. The structure and growth of residential neighborhoods in American cities[R]. Washington DC: Government Printing Officer. Inc. E. Using ArcGIS Spatial Analyst.

◎ KNAAPEN J P, SCHEFFER M, HARMS B, 1992. Estimating habitat isolation in landscape planning[J]. Landscape and urban planning, 23(1): 1-16.

◎ LAHTI J, 2008. Modelling urban growth using cellular automata: a case study of Sydney, Australia[R]. [s.l.]Unpublished masters' thesis, international institute for geo-information science and earth observation (ITC).

◎ LI X, YEH A G, 2001. Calibration of cellular automata by using neural networks for the simulation of complex urban systems[J]. Environment and planning A, 33(8): 1445-1462.

◎ LI X, YEH A G, 2002. Urban simulation using principal components analysis and cellular automata for land-use planning[J]. Photogrammetric engineering and remote sensing, 68(4): 341-352.

◎ LIU X, LI X, LIU L, et al., 2008. A bottom-up approach to discover transition rules of cellular automata using ant intelligence[J]. International journal of geographical information science, 22(11-12): 1247-1269.

◎ LIU X, MA L, LI X, et al., 2014. Simulating urban growth by integrating landscape expansion index (LEI) and cellular automata[J]. International journal of geographical information science, 28(1): 148-163.

◎ LONG H, TANG G, LI X, et al., 2007. Socio-economic driving forces of land-usechange in Kunshan, the Yangtze River Delta economic area of China[J]. Journal of environmental management, 83(3): 351-364.

◎ LÓPEZ E, BOCCO G, MENDOZA M, et al., 2001. Predicting land-cover and land-use change in the urban fringe: a case in Morelia city, Mexico[J]. Landscape and urban planning, 55(4):271-285.

◎ MAHINY A S, GHOLAMALIFARD M, 2007. Dynamic spatial modeling of urban growth through cellular automata in a GIS environment[J]. International journal of environmental research, 1(3): 272-279.

◎ MENARD A, 2008. VecGCA: a vector-based geographic cellular automata model allowing geometric transformations of objects[J]. Environment and planning B: planning and design, 35(4): 647-665.

◎ PAULSEN K, 2012. Yet even more evidence on the spatial size of cities: urban spatial expansion in the US, 1980–2000[J]. Regional science and urban economics, 42(4): 561-568.

◎ PIJANOWSKI B C, TAYYEBI A, DELAVAR M R, et al., 2010. Urban expansion simulation using geospatial information system and artificial neural networks[J]. International journal of environmental research, 3(4): 493-502.

◎ RAFIEE R, MAHINY A S, KHORASANI N, et al., 2009. Simulating urban growth in Mashad City, Iran through the SLEUTH model (UGM) [J]. Cities, 26(1): 19-26.

◎ RABBANI A, AGHABABAEE H, RAJABI M A, 2012. Modeling dynamic urban growth using hybrid cellular automata and particle swarm optimization[J]. Journal of applied remote sensing, 6(1): 63581-63582.

◎ ROSEN K T, RESNICK M, 1980. The size distribution of cities : an examination of the Pareto law and primacy[J]. Journal of urban economics, 8(2): 165-186.

◎ SANTEIES, GARCIA AESM, MIRANDA D, et al., 2010. Cellular automata models for the simulation of real-world urban processes: a review and analysis[J]. Landscape and urban planning, 96(2): 108-122.

◎ SCHWEITZER F, STEINBRINK J, 1998. Estimation of megacity growth: simplerules versus complex phenomena[J]. Applied geography, 18(1): 69-81.

◎ SETO K C, FRAGKIAS M, 2005. Quantifying spatiotemporal patterns of urban land-use change in four cities of China with time series landscape metrics[J]. Landscape ecology, 20(7): 871-888.

◎ STRA ATMAN B, WHITE R, ENGELEN G, 2004. Towards an automatic calibration procedure for constrained cellular automata[J]. Computers, environment and urban systems, 28(1): 149-170.

◎ SYPHARD A D, CLARKE K C, FRANKLIN J, 2005. Using a cellular automaton model to forecast the effects of urban growth on habitat pattern in southern California [J]. Ecological complexity, 2(2): 185-203.

◎ TISCHENDORF L, 2001. Can landscape indices predict ecological processes consistently[J]. Landscape ecology, 16(3): 235-254.

◎ VERBURG P H, DE NIJS T C, VAN ECK J R, et al., 2004. A method to analyse neighbourhood characteristics of land use patterns[J]. Computers, environment and urban systems, 28(6): 667-690.

◎ VERBURGA P H, VELDKAMPB A, FRESCOA L O, 1999. Simulation of changes in the spatial pattern of land use in China[J]. Applied geography, 19: 211-233.

◎ VOUGHT B M, PINAY G, FUGLSANG A, et al., 1995. Structure and function of buffer strips from a water quality perspective in agriculture landscapes[J]. Landscape and urban planning, 31(1): 323-331.

◎ TOBLER W, 1970. A computer movie simulating urban growth in the Detroit region [J]. Economic geography, 46(2): 234-240.

◎ WILSON E H, HURD J D, CIVCO D L, et al., 2003. Development of a geospatial model to quantify, describe and map urban growth[J]. Remote sensing of environment, 86(3): 275-285.

◎ XU K, KONG C F, LIU G, et al., 2010. Changes of urban wetlands in Wuhan, China, from 1987 to 2005[J]. Progress in physical geography, 34(2): 207-220.

◎ YEH A G, LI X, 2003. Simulation of development alternatives using neural networks, cellular automata, and GIS for urban planning[J]. Photogrammetric engineering &

remote sensing, 69(9): 1043-1052.

◎ ZHANG X, KANG T, WANG H, et al., 2010. Analysis on spatial structure of landuse change based on remote sensing and geographical information system[J]. International journal of applied earth observation and geoinformation, 12(9): S145-S150.